もくじ

第一部

第二部

第三部

野尻抱影　星は周る

第一部

星を覗《のぞ》くもの

のんびりした生活の一例として、星覗《ほしのぞ》きの話を書けという註文《ちゆうもん》である。自分は、案外のんびりしていないはずなのだが、友だちまで寄ってたかって、そう定《き》めている。佐々木味津三《みつぞう》(1)なぞは、たびたび僕を「仙人」呼ばわりをした。森下雨村《うそん》(2)なぞも、いつか、酒場《バア》の隅から「おい」と呼んでおいて、濛々《もうもう》と煙っている天井を指さして「うわの空!」と言った。天晴《あつぱ》れ冷やかしたつもりなのである。この他「人生のことなんぞお忘れでしょうな」と言った教育家だの、さらに「井戸へ落っこちてはいけませんぜ」と、タレース先生(3)以来の洒落《しやれ》を、したり顔に言う人に至っては、ざらにある。

まあいい。今の時世に、人から憐《あわれ》まれるよりはまし、かもしれない。そのつもりで、せいぜい、のんびりしたところを書いてみる。

まず星座を一わたり知っている者の楽しみは、季節の移りかわりに、自分たちだけの感じ方を持っていることだろう。一葉《よう》がかさりと音を立てて落ちる。古蚊帳《ふるがや》にしわしわと波が寄る。そういう、掟《おきて》通りの秋の訪れを見たり聞いたりする前に、僕等はある晩、「天馬座《ペガスス》の大正方形」と呼ばれる四つの星が、東の空にその一角を現したので、もう蕭殺《しょうさつ》たる秋風を聞くのである。十月に入って、東京の空あかりにもまぎれず、和名「すばる」のプレヤデス星団が、光のしみを地平の上に見せると、もう木枯《こがら》しが耳の底に鳴って来る。――と、まず言った風である。

それに、ただこういう星々で、季節の推移をはっきり感じるばかりでない。少年の時分から毎年見馴《みな》れている星座の姿が、それこそ一糸も乱れぬシステムを保って、幾月ぶり、あるいは一年ぶりで、ある晩こっそりと空の一方に現れて来るのを見ると、まったく久しぶりの友だちに逢《あ》ったと同じ気持で、つくづくと眺めるのである。例のオリオン座などとなると、二十年、三十年、冬のたんびに見ているのだが、あのみつ星が東の地平にまっすぐ立って出て来るのを見ると、正直、胸がどきつくのである。

だから銀座の真ん中にいても、周囲のケンマコクゲキ(4)を忘れてしまう。いわんや暗闇《くらやみ》に彳《たたず》んで人や犬に怪しまれるなぞは年中のことである。いつぞやも郊外の暗がりで星に見とれていたら、いつの間にか頭の上の電線へ梟《ふくろう》が来て、ホウホウと鳴き出したのには驚かされた。空を見上げながら歩いていれば、どんな晩でも淋《さび》しくはない。大勢の友だちのウィンクに逢っているのと同じだからである。

さらにのんびりしている処《ところ》を言えば、星の悠久《ゆうきゆう》感である。今どき、永遠だの、悠久だのぐらい、およそ世間離れのした名辞はなさそうである。恐らく華厳《けごん》最初の投身者時代(5)のものでもあろう。だが、星の場合は、自然にそいつを感じてしまうのだから仕方がない。また、これに幸福を見出したい人たちは星を覗くに限る。

まず、前に言った星座のいろいろの形と、ことごとくの星の位置は、少年から今に至る間は愚《おろ》か、百年、千年、よしんば、万年前に生まれようが、後まで生き残ろうが、ほとんど目立った変化がないはずである。また一星《せい》をも加えず、一星をも減じないはずである。

たとえば、今夜ギリシャの詩人ホメーロス(6)を甦《よみが》えらせてみる。あの人は盲目だったから、星を見せるわけにも行くまいが、夕映《ゆうばえ》のさめた後の空に、彼が三千年も前に歌ったボオーテス

（牛飼座《うしかい》）の大星《たいせい》が、爛々《らんらん》と金光を放っていると言ったら、見えない眼《め》を見はるだろうと思う。上野の博物館の、大地震(7)でもびくともしなかったはずの、プシャレプタ君――ミイラの名である――に、ある晩目玉を入れて、抱き起こしてやったら、四千年前、エジプトの空に見た、太《ふと》股《もも》の星、怪物ティフォンの星、ジャッカルの星なぞが、相変わらず北の天頂をどうどう回《めぐ》りをやっているのを発見して、奇声をあげるに違いないと僕は断言する。

後漢の厳子陵《げんしりよう》(8)が、寝相《ねぞう》が悪くて、足を光武帝《こうぶてい》(9)の腹の上に載せた時に、天文博士《てんもんはくし》があわてて「客星帝座《ていざ》を犯す」と伏奏した帝座という星は、僕のダリヤ畑の真上に、いとものんびりと光っている。四、五千年も昔のバビロンやニネヴェ(10)で月のかさに入ったと言って、王子に蝎《さそり》の禍《わざわい》を惧《おそ》れたその蝎座の真紅《まっか》な星は、千年前の東洋では唐の李白《りはく》(11)が酔って玉階《ぎょくかい》を下りながら、「憶《おも》う吾《わ》れ初めて来《きた》りし時、葡萄景風《ぶどうけいふう》を開きぬ。今茲大火《ことしたいか》落ちて、秋葉梧桐《ごとう》黄なり」と歌ったその「大火」で、今頃、南の杉並木の空に、ビルマ紅玉《ルビー》のように瞬《また》き瞬いてる。その赤い色は星としては赤ん坊時代だというのに、「大火」の名も、ギリシャの「火星の敵《アンタレース》」の名も、これが大昔から赤いことを教えている。いつになったら青くなる彼(12)だろうと思うのである。

こんな連想はどの星、どの星座にもある。これが喚《よ》び起こす悠久感は、どうものっ引《ぴ》きならぬものではありますまいか？

事のついでに星の遠さも言わなければなるまい。初秋の空に微茫《びぼう》たる光塊を指《ゆびさ》させるアンドロメダの大星雲、これは九十五万光年[13]だという。言いかえると、秒速三十万キロで飛ぶ光が九十五万年かかって、その時の人間の目に達《とど》いたのである。ただしこんな数字は、僕等にも頭を素通《すどお》りしてしまうに過ぎない。むしろ一千万年前のものだという、ゴビの沙漠《さばく》で掘り出した恐竜の卵の写真の方が実感がある。

けれど今夜見る北極星の光が、日露戦争の頃の今夜出発した光の達いたものであったり、天頂の織女《しょくじょ》の光が磐梯山《ばんだいさん》が爆裂した年あたりに瞬いたものであったり、遠いところでも、蝎座のアンタレースが三百光年以上で、権現《ごんげん》様御入府[14]前後の光が、やっと到着したものであったり、そして、仮に彼が今から二百年前に消えてしまっても、まだこれから百年は彼等の目に見えているのだと聞いたり、また彼は、秒速三キロで動いているので、いつも見ている星は、いわば幻影であるに過ぎないと言われたりすると、烟《けむ》にまかれながらも、「遠いものだなあ」と、まずのんびりしていると言われても仕方のない二分三分を、自分に発見するのである。

終りが望遠鏡である。

星覗きにはこれが付き物のようになっているが、必ずしもそうばかりでない。僕のは四インチの屈折望遠鏡だが、そのたんびに人手《ひとで》を借りて、庭に組み立てる厄介《やっかい》もあるし、忙しくもあるので、周囲から想《おも》われているほど毎晩覗いているわけではない。持って生まれた目を使う方が遥《はる》かに多い。

しかし、その間にも、長い格納函《かくのうばこ》に腰をかけると、——いつの頃からか、自分のこのポーズに、ロンドンのタイバーン(15)の絞殺台《こうさつだい》へ引かれて行く大盗が、自分の入る黒い棺《ひつぎ》に腰かけている古い銅版画《どうばんが》を連想する癖になってしまったが、それでものんびりとなれるのは事実である。時には蓋《ふた》を開けただけで、綱館《つなやかた》の茨木《いばらき》(16)のように覗きこんで、真白な筒身《とうしん》を撫《な》でる。こんな時は、金のない場合でも、「おれもゴーセイだ」とちょっと思うのである。

さてある晩、これを庭へ担《かつ》ぎ出して、太い三脚の上に組み立てて、スロー・モーションの鉄《てつ》桿《かん》の丸いにぎりを握って、「どの星から始めるかな」と、ゆっくり空を眺め渡す。その時には、高角砲《こうかくほう》を空へ向けている射手《しゃしゅ》のような優越感がいつも胸を掠《かす》めて通る。事実、僕は海賊船《かいぞくせん》の大砲の名[17]をとって筒口《つつぐち》に「ロング・トム」と刻《きざ》ませているのである。

何といっても望遠鏡で星を覗くに至って、のんびりさは遺憾《いかん》ないものとなる。たとえば二百倍の接眼鏡《アイピース》をはめれば当《とう》の星は二百分の一だけこっちへ近くなるわけで、考えようでは、こっちが地球をはなれ虚空《こくう》をそれだけ向こうへ近づいて、宙にぶら下がっていることでもある。かつて天文台には日露戦争を知らずに通した学者がいたそうだが、こうして毎晩空にぶら下《さが》っていれば当然の話である。そして、一時流行《はや》った「天国に結ぶ恋」[18]のシンボルのような二重星《ダブルスター》だの、沙金《さきん》の袋がはじけたような星団だの、土星がその輪《リング》に落とす幽微《ゆうび》な影だのと、目ではとても望まれない、天界の秘密をかい間見るのだから、夕飯に呼ばれたり、卓上の原稿紙を思い出さぬ限りは、無上ののんびりさに違いない。僕は時に、地球の表面から空へ向けて凸出《とっしゅつ》している世界ところどころの望遠鏡と、その背後《うしろ》でどれも片目をつぶっている、老若いくつかの顔を空想して笑いたくなることがある。

けれど、あんまり毎晩夜露に濡れてひどいリューマチスになった友人があったり、天文台には案外短命な学者の少なくないことを言い添えたら、星覗きもやはりのんびりとばかり終始出来ないことを合点《がてん》して下さるだろうと思う。

（一九三四年　四九歳）

小望遠鏡漫語

僕は今、四インチの屈折望遠鏡を覗いているが、その間の補充に使うものは、ありふれた仏国製の、蜂《はち》のマークのオペラグラスである。これを書架に置いて、気まかせに庭へ持って下りては星を覗いている。

どんな品でも使い馴れた物には、一種の愛着が沸《わ》くもので、特に身についた時計とかオペラグラスとかには、それが著しいようである。戦死した軍人の記念に、こういう品が懐《なつか》しまれる心理も無論ここにある。僕は、亡い父の手擦《てず》れのあるこのオペラグラスを愛している。そして、今もつやつやしいレンズの面を見ただけで、それに映ったいろいろの物象を思い出す。初めて満月をしみじみと覗いた大阪の宿の、蓮池《はすいけ》で鳴いていた蛙《かえる》の声までが思い出されて来る。玉虫《たまむしの》厨子《ずし》（1）の玉虫の光を金堂《こんどう》の薄明りに探したのもこれだし、雁次郎《がんじろう》（2）華やかなりし頃、木挽町《こびきちょう》（3）で宗十郎《すえひろや》(4)の型でやった紙治《かみじ》(5)の花道の出も、このレンズに映った。

今でも神宮外苑の球場で、もう時代おくれの彼を、ごそごそとポケットから取り出しもすれば、夜の庭で、簡単な重星や、星団を見たり、また星座の全容を眺め回すにもいつも彼を重宝にしている。いつか大佛次郎《おさらぎじろう》(6)が大連《だいれん》からギョルツの十五倍を買って帰って来た。望遠鏡を買うと言うのを強《し》いて止めさせて、これを買わせたのは、私が大いに利用してやる下心《したごころ》からなのである。しかし、私が古い軽いオペラグラスを愛用することは、今も昔と変わりはない。

その通りオペラグラスは、星覗きにはまったくハンディーである。決して文字通り、オペラ見物にのみ役立つ玩具《がんぐ》ではない。プリズム入りでは、軍人がしばしば経験する通り、六倍以上ので永《なが》く観《み》ていると「胸に悪い」ほど重い。それに比べると、軽いオペラグラスは、一向《いっこう》疲れを感じさせない。もちろん即座の用には立つし、霧《きり》や靄《もや》の晩、望遠鏡ならたびたびレンズを拭《ぬぐ》わなければならぬ、あの不便さもない訳である。

星にしても、例えばプレヤデス星団（すばる）などは、倍率の大きなもので覗くと、ばらばらで何のへんてつもない物になるが、オペラグラスには最も彼等の美観を発揮する。星座を一時に目に映して鑑賞する場合にも、オペラグラスに優《まさ》るものはない。殊《こと》に秋に多い流星を観測するには、オペラグラスあるのみである。また肉眼に映る彗星《すいせい》なら、その送迎にこれを用いた方が便利であるし、核《かく》なども纏《まと》まった形として眺められるだろう。

こんな理由から、私はいつもこの誰にも手に入る光学機械を推奨《すいしょう》している。

次は望遠鏡である。いったい素人《しろうと》は、小望遠鏡を手に入れると、無暗《むやみ》と倍率の高いアイピースを使ってみたがる。私が初めて四インチを日本光学工業会社から入手した当時は、三種のアイピースの中《うち》、八十三倍と百六十七倍とだけが付いて来て、一番低い六十倍は後から出来ることになっていた。

素人の多分に洩《も》れず、私は後から来る六十倍なぞはどうでもいいと思った。機会のある毎《ごと》に、百六十七倍ばかりを使っていた。そして、例えばプレヤデスや、ペルセウスの二重星団などが、光の蜜蜂《みつばち》を聚《あつ》めているように見えないのに失望したり、北極星の光に消されて小さい伴星の見えないのに、望遠鏡そのものに疑惑をかけてみたりした。

こうして、百六十七倍よりは、八十三倍の方が使い途《みち》の多いことが漸《ようよ》う分って来たり、本から教えられたりしている間に、六十倍がとどいた。それを使ってみて、私は「これある哉《かな》！」と雀躍《じやくやく》する場合が多くなった。

もちろんレンズ面は明るいし、視野は広い。ゆっくりと落ちついて鑑賞が出来る。銀河や星団は、百六十倍級のとうてい及ばぬ燦爛《さんらん》たる美観を見せてくれるし、重星にしても、例えば白鳥座のβ《ベータ》（アルビレオ）や、アンドロメダ座のγ《ガンマ》（アルマク）の、雛鳥《ひなどり》と久我之助《こがのすけ》か、ロミオとジュリエットのような可憐《かれん》な印象も、この程度のアイピースの独擅場《どくせんじよう》だった。いわんや大熊座のζ《ゼータ》の如《ごと》きを、倍率を高くして見た時の間抜《まぬ》けさ加減は失望以外の何でもない。月もここらが手頃《てごろ》である。私は百六十七倍で見る月の、薄暗い荒涼たる光景には、いつも一種の鬼気《きき》をさえ感ずる。

こうして私は、望遠鏡でも低倍率を礼讃《らいさん》している。四インチには二百倍以上のアイピースが使えるので、それを交渉したこともあったが、今では強いて欲しいとも感じていない。覗く必要が起これば、便宜《べんぎ》なところへ足を運んでいる。

前にも書いた通り、私の四インチは、いわゆる国産である。初め望遠鏡を買う気になった時は、一も二もなく外国製と定《き》めて、そのカタログを方々から取り寄せてみた。しかし山崎氏の本で、価格はさて措《お》き外国製必ずしも優秀でないことを知ったし、あわせて友人K君から外国品が日本の湿度に無関心であるため、単に塗りだけでも完全でない等々の事実を教えられた。これはなるほどと頷《うなず》けることで、その結果内国品と定めたのである。価《あたい》は相当なものだったが外国品よりは廉《やす》かった。それで、三インチの予定だったのが、四インチへまで野心を高めることが出来た。無論入手までに十分テストはして貰《もら》った。初めて覗く星がファウルに消し飛ぶスポンジ球《ボール》のような、いびつな形などになっていたら、何と失望することだろう。さらぬだに望遠鏡というものはすこぶる神経質で、ちょっとの手ぬかりや、いじり過ぎでも、取り返しもつかぬことになる。私なぞも爾来《じらい》、小心翼々《しようしんよくよく》として吾が"LONG TOM"に仕えているのである。

それにしても、――話が個人的興味に堕《お》ちるが、初めて望遠鏡が手に入った時の、天にも昇る心地は、生涯の間にも余り類がないことと思われる。

留守の間に、郊外の家まで自動車で運ばれて来た望遠鏡が、奥座敷に大きな格納函に入って安置されてあった。私は、自分の腕が収めてある唐櫃《からびつ》に対した茨木童子《どうじ》（8）のように、息を詰めてその前に坐《すわ》りこんだ。そして鍵《かぎ》を回して開けてから、雪白な筒身を、しばらく無言で愛撫《あいぶ》せずにはいられなかった。

その晩の夢に、小さい子供たちが、アイピースを持ち出して、庭の踏石に落として割るところを見た。その翌日、勤め先へ出かける途中、電柱、杭《くい》、ポスト、およそ丸く細長いものは、残らず望遠鏡を連想させるので、独り可笑《おか》しがっていた。数年後の今でも、夢に対物レンズが割れて、目が覚めて、ほっと安心することもあるし、時には、星を覗いている間に、望遠鏡がゴム管のように蠕動《ぜんどう》し始める奇抜な夢などもあって、フロイドの解釈を当てはめては失笑したことである。

私がこの筒に"LONG TOM"と銘を截《き》らせたのは、スティーヴンスンの小説『宝島』の中に出る、海賊砲の異名を取ったので、これを月や星へ向けた感じが大砲を想わせるのと、それに手に入れるのにこの小説がある機縁《きえん》となったのにも因《よ》る。しかし、今では大砲よりはトムの名が当然想わせるように、生《せい》あるものの感じの方が強くなって来ている。恐らく、同じ経験の人も多いことだろうと思う。そして、この函《はこ》に枕《まくら》してみる時には、私はいつでも一種のプライドをさえ感ずる。

が、私も自分の持つ小望遠鏡から、しばしば機械に免《まぬか》れ難《がた》い物足りなさを感じる。例えば、この機械の能力の極限である、ある重星を辛《かろ》うじて見とどけた時など、「これ以上何ともならぬのだ。どう目に力を入れようが、これだけだ」と思う。もちろんこれは、さらに大きい望遠鏡を覗けば満たされることだが、その望遠鏡にはさらにまた満たされぬものが多々ある。百インチの大望遠鏡になってもやはり、同じ事だと言える。これは分かりきった話だが、それでいて、そこに何となく考えさせられるものがある。

かのシャプレー・ホワース両氏共著の"*Source Book in Astronomy*"を手に入れて、ガリレオが初めて彼の不完全なフィールド・グラスで土星を見、月を見、あるいはオリオン座を見て、事ごとに驚嘆し感激して綴《つづ》った詳しい記録を読んだ時に、私は誰しもこの天文学者に対して感ずる、もっと精巧な機械を与えたかったという同情を感じた。しかし、思い返して見れば、ガリレオは私たち現代人の感ずる不満にまでは到《いた》らず、その発見の満足で有頂天《うちょうてん》になっていたことだろう。そうすれば、その心境はむしろ羨《うらや》まれていいことだろうと思われる。そしてこの満足を吾々も学ぶべきだと、自分に言い聞かせてみた。

ここで話は再び初めに戻る。オペラグラスも、低倍率のアイピースにも、それじなくては享《きよう》楽《らく》出来ぬ美観がある。肉眼にしてもそうである。また、天文史上にアンビシャス(9)な人、必ずしも望遠鏡を必要としないことは、古来幾多《いくた》の例が実証している。偉大なケプラー(10)でさえ、望遠鏡を覗いたのは、彼の学説の完成された後のことだった。

（一九三四年　四九歳）

桜新町

世田谷の桜新町に住みついて、そろそろ半世紀にとどく。七号線(1)というハイウェイが町を東西へ貫《つら》ぬいたため、わたしの古い家は、晴れがましくも四つかどになってしまった。その代り、路《みち》はばが三十メートルもあるので、そこまで出ると、今ごろは雪の富士が真西に見えるし、夜は冬の先駆けのすばる星から、オリオンを中心とする豪華な諸星座が、東の空にばらまかれる。これは思いがけない拾いものだった。

けれど、戦前に比べると、星数はげっそりと減った。都心の方向はむろんだが、地もとの空明りでも星の光は奪われて、ことに駒沢《こまざわ》でナイター(2)のある間は天頂近くまでほとんどダメになった。それに、バスやトラックの地響きが望遠鏡の星をふるわせ、秋の土星などもリングの形が乱れるので、舌打ちするばかりだった。

大正の初め、ここの住宅地ができたころは、まだ荏原《えばら》郡駒沢村で、春は庭さきからヒバリが舞い上がり、道ばたにスミレやリンドウが咲き、夏は近くの水田でホタルが明滅していた。どこかの女中がキツネに化かされたという話も聞いた。

玉電《たまでん》(3)は人間と砂利《じゃり》を半々に運んでいて、ちょんまげのじいさんが座席の上で長ながと昼寝をしていたり、村の花よめさんが母親とすわりこんで化粧直しをしてもらっていたり、のどかな光景が見られた。

今ごろ東京から帰ってくると、人家の灯《あかり》もまばらで、空は降りかぶるような星だった。桜並木の入口の請願巡査《せいがんじゅんさ》の交番のところで、東の丘から現われたオリオンに見とれていると、すぐ頭の上の電線で、フクロウが鳴きだして、それに答えるように、向こうのお稲荷《いなり》さんの森からも鳴きだしたことがあった。

大震災の年は、冬までも町の人たちと火の番をやって、拍子木《ひょうしぎ》をたたきながら木立のまっ暗な地内をまわって歩いたが、ある夜ふけに、南へ開けた地平線とすれすれに、赤い大きな星を見つけた。これが東京の緯度《いど》ではめったに見られない南極老人星(4)だったので、わたしは霜《しも》のきしむ畑で、ちょうちんをふりまわした。その後二、三年たつと、横浜あたりの空明りで、もう見えなくなった。

戦争の前ごろは、近所の小学生を集めて庭で望遠鏡をのぞかせたり、冬は板ぎれなど持ちよらせ、野原で焚火《たきび》をしながら星座を指さした。今ではみんなりっぱな青年になっている。

空襲では裏まで焼けたが、江戸時代の夜はこんなだったかと思うほどの暗闇で、秋から冬の星はすばらしかった。天の川も手がとどきそうに近くて、その明るさにさらされる東京が不安にさえ思われた。夜警の仲間の鉄かぶとがその反映でうっすり光っていた。

二、三年前、雨上りの夜半にめずらしくそんな天の川が見えて、一句浮かんだ。

かかる夜の銀河かぶとに映りいし

ともかくも、星に親しむことやがて五十年、少年の昔からを数えると、ずいぶん長い関係になる。しかも星空は季節と共に変わるので、倦《う》むということがない。暮春のころ、この桜並木の西に沈むのを見送ったオリオンが、初冬のある夜、すばる星を追って東から昇ったのを見ると、久しぶりの友人に逢ったように、うれしくて胸がおどる。

科学は宇宙の神秘を年ごとにあばくが、あばくそばから新しい神秘が加わる。星は永久に若く、みずみずしく、むろん美しい。

ただ、東京とその周辺の星がだんだん影が薄くなるのはぜひもない。わたしは昼間でも目をつぶれば星空が見えるのだが、近ごろはそれがプラネタリウムの星になるので少し困っている。だから、ときどき山国まで出かけて、そこの星で目を洗ってくる。

（一九四八年　六三歳）

飛行機

夕月があるので散歩に出て、まっ暗な桜並木から野原へ抜けた。月は、天秤《てんびん》座の近くにいた。ふと北の方に爆音が聞えたので、その方向を見上げると、赤い灯がぽつりと、東北に昇っているカシオペヤのWの上に現われていた。そして爆音をしだいに高めながら、天頂を横ぎり、西南を目ざして流れてくる。竜座のダイヤ形の頭を掠《かす》めるなと思っていると、果してそうして行くのが、わざわざやっているようで微笑を誘われる。とうとう赤い灯は月明りの中に入りこみ、まだ中空に残っているアルクトゥールスを右に見て、乙女《おとめ》座の方へ遠ざかり、やがて木立の向うへ消えてしまった。

それを見送っている間に、アルクトゥールスと飛行機の通った空の路とから、ふと近ごろ読んだ本を思い出した。

それは、この星は現在三十八光年の距離にあって、〇・二等の光を放っているが、百万年も昔には、カシオペヤとケフェウス二座の間にあって、まだ見えていなかった。それが五十万年前になると、かすかな光を放って、距離も二百三十二光年に近づいた。そして二十万年前、竜座を通る頃はまだ北斗の星々よりも暗かったが、十万年前ヘルクレス座を掠めて牛飼座に入る頃には、北斗よりももう明るい光を放っていた。そして、ついに現在の位置に達して、この星座の主位を占め、光度も距離も現在のものとなったというのである。

これはアルクトゥールスが毎秒百二十キロという猛烈な速度で星々をぬって走り、角度では一年の間に二・三秒だけ天空面の位置を変える事実から推算した話である。そしてこの後も疾《しっ》走《そう》をつづけて、乙女座のスピーカの方へ向い、それと共に光度も衰え、やがて十万年後には烏《からす》座の帆《ほ》かけ星を掠め、五十万年後にアルゴー座(1)を過ぎてついに南極地方の空に消えて行くという。途《と》方《ほう》もない話である。しかし私は、この百万年にわたるこの星のコースを二、三分にちぢめて、眼に残る飛行機の赤い灯を、再びWから現在のアルクトゥールスまで流れさせてみた。

（一九四五年　六〇歳）

プラネタリウム

ツィゴイネル・ワイゼン(1)を放送している。聞きながら眼を閉じていると、戦争で破壊された前の毎日天文館(2)のプラネタリウムがはっきり見えて来る。解説者の一人の秋元君――惜しくも亡くなった――が音楽院出身で、毎回いろいろのレコードをかけていたが、夜明けには多くこの曲だったからだ。

思い出はなつかしい。解説が始まってまだ明るい間は、地平をめぐる風景の黒いシルエットを、ポインターの赤い灯の矢が指しながら一巡する。「愛宕山《あたごやま》(3)の名残りのアンテナ」なども、うまい言葉だった。終りに宮城《きゅうじょう》(4)の上にかかると、「かしこくも大内山《おおうちやま》の……」と言って、ここだけは灯の矢を横にすべらせて行く。なるほどと、当時は感心していた。

トロイメライ(5)などの静かな音楽の間に、太陽がシルエットの蔭《かげ》へ沈むと、しばらく西は「水いろの薄明」で、宵《よい》の明星が、時には水星も低くにじんでいるが、それも暮れて、ドームの天井はさんぜんたる星空となる。この瞬間はいつも声をあげたいほどの美しさだった。

もっとも天井のスクリーンのつぎ目が消えた直後は、これはその面に投映する人工の星だという意識が残っているが、五分、十分でそれも抜けてしまい、天井は無限に高くひろがって、真実の星空の下にいる気分にならされる。北極星を真上に見る実験などでは、瞬間ながら氷原の上に独りいるような、しんとした感じまででした。また天文研究会の例会で、自分でポインターを持って、南十字星やマゼラン雲などを指した時には、南方の離れ島か甲板《かんぱん》で星を語っている気分だったのを思いだす。そして、やや疲れて眠気もさして来るころ、星空がようやく白んで、流星がほろりほろりと流れ、ツィゴイネル・ワイゼンのメロディーが次第に現実の世界へと連れもどして行く。あの夜明け前の感じは実に無類である。

大阪のプラネタリウム(6)は無事に四ツ橋に残って、その後も天文の民衆化に努めているが、東京でもついに渋谷に建設(7)された。こんな楽しいことはない。

（一九四五年　六〇歳）

明治の夜

明治初期の横浜をテエマとした弟(1)の小説の挿画《さしえ》に、木村荘八《しょうはち》氏(2)が、箱形の有明行灯《あんどん》を描いていた。これが私が育った二十年代の横浜を思い出させた。

夜はもちろんランプで、床に入ってからは、枕許《まくらもと》にこの角行灯がともっていた。朱塗《しゅぬ》り骨の障子《しょうじ》張りに黒塗りの箱ぶたがすっぽりとかぶさり、障子を上げ下げする正面だけは円《まる》く切り抜いてあるが、両横は半月と三日月の切り穴で、その鋭い形なりに光っているのと、頂きから天井へ円形にさしている灯影とが、寝間の明暗をきわだたせて、子供の目には何か陰々《いんいん》たるものを感じさせた。油が細ると、光が明るく暗く息づいて、草双紙で読んだ化け猫が行灯の油をなめるという怪談なども思い出して、父や母が安眠しているのが恨めしかった。それに、夜泣きそばの「そばウワウー」という声がだんだん近づいてくるのが怖くて、床の中で耳をふさいでいた。

外はむろんまっ暗で、月夜でない限り提灯《ちようちん》を持って歩いた。時々父に連れられて山の温泉というのに行くと、辮髪《べんぱつ》を頭にくるくる巻いた大坊主の南京《なんきん》さん(3)が幾人も入っており、空気ランプの光が昼間のように明るくて、それだけに帰りに通る陣屋ヶ原という、明治初年の菜っ葉隊の調練場跡が暗く淋しく、星が一面に光っているのが不気味だったことを覚えている。

少し大きくなって、夜学へ通い出した時は、が、ん、ど、う、というものを買ってもらった。手もとは暗く、口を向けた方向だけ円く明るく照らすのだが、ある冬の晩、ふと空を見上げて、あまりにおびただしい星なのに、友だちと立ちどまって驚きの声をあげたことを妙に覚えている。むろん、オリオンは愚か、北斗七星も知らない小学生だった。


（一九四五年 六〇歳）

野づらの道

お清書で九点以上いただくと、父は本を買ってくれた。それに味をしめて、友だちの入れ智《ち》慧《え》で、「八」を「九」に直して帰ったところ、たちまち露見して、怒った父は、私をしばらく川崎在の知合いの農家へ追放した。そこのおじさんが、線路のはるか向うまで真《ま》菰《こも》を刈りに行くのについて行き、鎌《かま》の音ばかり聞える沼のへりで長いことしょんぼり待っていたことを思うと、夏のようでもあったが、また、遠い遠い野の路を竹藪《たけやぶ》の多い村まで、冷飯草履《ひやめしぞうり》(1)をぴたぴたと鳴らして連れて行かれた思い出からは、もう初秋の風が吹いていたようでもある。

着いた家は大竹藪の中の農家で、あるじの老人のほかに、目の赤い老婆《ろうば》が私をいたわってくれた。その時しか見たことのない老婆だが、優しい態度と言葉とは、永いこと忘られなかった。赤い目は、たぶんトラホーム(2)などであったろうが、それさえ生まれつきの目のように思われて、私は後までも「兎の目のお婆あさん」と名づけていた。

主人の老農は私に、「人間は嘘《うそ》をついてはいけないよ」と、それも優しく言って聞かせた。何か食べさせたようだが記憶はない。それから再びがらんとした野づらの道を帰ってきた。もうすっかり日が暮れて、今思い出の中でも凄《すご》いほどの星空で、天の川が頭にのしかかるように鮮《あざや》かに流れていたのが目に残っている。

道のわかれ目に地蔵さまが三体暗く立っていたところで、おじさんは、「この辺には狐《きつね》が出て、よく人をばかすよ」と、信じきっているように言った。電線が星の下で夜風に低くうなりつづけ、汽車が遠くで生赤い火の煙を引きながら消えて行った。その時の心細さは、もう二度と嘘はつくまいと歯を喰《く》いしばって、決心したほどだった。

後に思えば、その竹藪の村は、今、東横線の通っている綱島《つなしま》のあたりらしかった。

（一九四五年 六〇歳）

ゴッホの星

西洋の画で、星を描いたものは、あまり見あたらない。宗教画には、フラ・アンジェリコ(1)など、深いコバルトの地に金の星を点じている。クリスト聖誕の画には、もちろんベツレヘムの星(2)が描かれている。また神話関係の画には、ティシアン(3)、ティントレット(4)など、画題によって星を現わしている。

福島繁《しげ》太《た》郎《ろう》氏(5)の『エコール・ド・パリ』には、スイスのヴァヨットン(6)の「星夜」と題する画の写真が出ている。大きな花が咲き乱れている岡の上に、白壁の一軒家があり、家と背景のなだらかな岡との空に、白い星が点々とまかれている。詩《し》趣《しゅ》をたたえた画である。

こういう中で、ゴッホに星を描いたものが幾つかあるのは楽しい。

「下弦と星とシプレス」と「夜のカッフェ」とが代表作で、後者は上野のゴッホ展でも特別待遇だった。

割栗石《わりぐりいし》を敷いた往来の左側にカフェーがあり、テラスには幾人かの客が見え、大きなガス・ランプの光が、日蔽《ひお》いに張ったキャンヴァスの広い裏面から店の壁一ぱいに、強いクローム・イエロウに反映している。右の後景は灯影のもれている一軒のほか、暗い家影が奥下がりにつづき、その凹凸の線とカフェーの隣家の垂直の線とでかぎる青い夜空に、まるでぼたん雪のような大小の星が散らばっている。この毒気を抜かれる星もゴッホのものであるし、南仏アルルの温かくうるんだ夜の情調を思わせて、実に美しい作である。

もう一つ「星月夜」と題するペン画は、広い入江を中心に、遠景には人家の灯影が列《つら》なり、こちらの岸はひっそりとして小船が一隻かかり、それから上がったらしい人物が二人歩いている。そして空には十四、五の星が小さい円を中心に光を放射して外を車輪のような線が三、四重に取り巻き、それが水面一ぱいに光の柱になって明るく映っている。この不思議な星一つを見ただけでも、すぐゴッホの画と判《わか》る。

（一九四五年　六〇歳）

タレース先生

ギリシャの哲学者、ミレトスのタレースが、前五八五年、五月二十八日の日食を予言して見事に的中した話や、ギリシャ人に、自分の生国フェニキヤの航海知識によって、小熊座の星を海上の指針とすることを教えた話は有名だが、私は次ぎの二つの挿話で、この二千六百年も古代の碩学《せきがく》を、ひどく身近に感じている。

いつぞや私は近所の万屋の主人から、「星に夢中になって溝《みぞ》に落っこってはいけませんよ」と、したり顔に言われた時に、古代イソップの寓話《ぐうわ》がここまでも世界化されていることに今さら驚嘆したのだが、この星に気を取られて空井戸に落ちこみ、下女にからかわれたのが、タレースであったことは、プラトー(1)の『テアイテトス』に文献《ぶんけん》があるので、広く知られている。

その時の光景を眼に浮べてみると、特に星の学徒である者たちには、気の毒やら、おかしいやら、今そこらで起ったことのように思われる。けれど、もう一つ私は、ギリシャ詞華集で、ディオゲーネス・ラエルティウス(2)という詩人のこんな作を発見した。——

太陽ゼウスよ、昔おん身は、スタディオン(3)より、競技を見物していたる賢者タレースを天上へ連れ去り給《たま》いぬ。

よきかなゼウスよ、彼を連れ去りて、おん身の傍《かた》えにおき給いしことは。

老人はもはや地にありて、星を眺むる力を失いいたればぞ。

これによると、タレースは競技見物の間に日射病で死んだのである。ギリシャの悲劇詩人が禿頭《はげあたま》を岩と見誤られて、鷲《わし》が空から落した亀に打たれて死んだという、信じられない話などに比べて、これは実にリアルで、人間味があり、改めてタレース先生と呼びたいような親しみを覚えたのである。

（一九四五年　六〇歳）

遠い惑星

双子座《ふたご》にいる木星をのぞいたついでに、今、その左下にいる天王星を探してみた。六等星の光度で、青ずんだ、やや平たく見えるのがそれらしいと思ったが、もうしばらくたって、木星が左上を抜けてから確かめることにした。これでも緩慢《かんまん》に動いてはいる。四年前に見た時には、カストールの足のところにいたのが、今ポルックスの右肩の辺に来たのだから。

英国の温泉町、バースの音楽師ウィリアム・ハーシェル(1)が、手製の望遠鏡でこの惑星を発見したのは、一七八一年の春だった。これで太陽系の限界は、ギリシャ以来の土星から忽《たちま》ち二倍大にひろがって、彼はいっぺんに一流の天文家に仲間入りした。生国のドイツの新聞雑誌は、彼の名をメルテル、ヘルステル、いやヘルムステルなどと、まちまちに書いたというから面白い。

さらに天王星の外側にある海王星となると、東南に昇ってきた乙女座の主星、スピーカのすぐ左上にいることは解《わか》っているが、何しろ九等星の光度で、ぽつんと点を打っているだけだから、つい望遠鏡を向ける気にもならない。しかし、この惑星の位置が初め、天王星をゆすぶる影響から複雑な数式によって算出され、一八四六年、望遠鏡でわずか一度弱の差で発見されたという話は、感嘆なくしては思い出せない。かつ、この金的を見事に射あてたフランスのルヴェリエ(2)が、彼とは別に英国のアダムス(3)が、一年も前にこの未知惑星の位置を計算し、しかも天文台で握りつぶされていたと聞いて、自分の名誉をいさぎよくアダムスに分けたという美談も、海王星と共に長く伝えられるに違いない。

なお面白いことは、当のルヴェリエが、生涯の間一回も望遠鏡で海王星を見とどける興味がなかったという話で、これも一つの学者気質《かたぎ》だろう。それに比べれば、私が訳名をつけただけの冥王星《めいおう》を、私が見ずじまいに終ったところで話にもならない。もっとも一度は見ておきたいとも思うのだが。

（一九四五年 六〇歳）

土星――空の玩具

土星は、この夏も南の山羊《やぎ》座にいて、どんよりと憂鬱《ゆううつ》なモノクル(1)を光らせている。まったくあの星の表情は昔の星占いや伝説を聞くまでもなく、誰の目にもグルーミー(2)である。けれど、一度小さい望遠鏡でも向けると、彼はたちまち、その憂鬱さを捨てて、星の世界にもこれ一つきりの奇観《きかん》を見せてくる。

誰でも写真で知っているように、土星の正体は、金色《こんじき》の球に金色の鍔《つば》がはまっている。鍔は三重になっているが、小さい望遠鏡では、内側のが黒くしか見えないので、まるで球と鍔との隙《すき》から彼方《むこう》の空が透《す》いて見えるような印象を与える。しかし、第一と第二の鍔のさかいには、黒い界線が強く溝を造って走っているのが、ありありと見てとれる。

僕はこれを覗いて見るたびに、何という技巧《ぎこう》に過ぎた星だろうと思う。そして、見ている間に、星の実感がなくなって、何かこれに似た玩具のことを考えている。箱根土産の刳物《くりもの》(3)の独り按摩《あんま》も土星に似ている。子供の時分に見た竹澤藤次(4)の独楽《こま》もたびたび思い出される。特に、土星が望遠鏡のレンズを金色にぼかして、その中から逃げ出して行く時には、鍔がぶん回っているような錯覚《さっかく》を起こすので、名人の独楽が手をはなれて宙へ飛ぶ、あの瞬間の印象に似ていると、いつも思う。

ある時僕は、遅くまで庭にいた植木屋に、何の前置きも聞かせずに、「これを覗いて見たまえ」と言って、土星をあてがった。彼はしばらく覗いていてから、怪訝《けげん》そうな顔で僕を振り返って、また覗いて見て、しまいに、「旦那《だんな》、あの電灯みたいなものは何ですね」と言った。「星だよ」と教えると、容易に信じない顔をしていた。

なるほど、電灯にも見える。天体望遠鏡は、対象を倒《さか》さにして見せるから、鍔がこっちへ傾いていて球の下の方が見えない場合の土星は、倒さに見れば電灯に違いなかった。この時の経験に味をしめて、僕は以後、土星を初めて見る人には、予告なしで覗かせて、その印象を聞くのを楽しみにしている。

こうして、この遊星は、直径が地球の九倍もあるのに、独楽に見えたり、電灯に見えたり、実に奇観を呈するのだが、しかし、土星を覗いて、腹を抱えて笑った人間というのは珍らしい。それは、Mという学生だった。

二十年も前の話である。僕は早稲田を出てから山国の中学[5]へ行っていた。そこに三インチぐらいの地上望遠鏡があって、長いこと埃《ほこり》をかぶっていたのを、英語の僕がかつぎ出しては、校庭で星を覗いたり、間には、南アルプスの残雪の斑点《はんてん》や、新雪が来た後の、峯《みね》の三角標を見つけたりして楽しんでいた。

ある夏の晩、僕は寄宿生を一列に並べて、その望遠鏡で、順々に土星を覗かせていた。Mがその中にいた。

Mは善良な少年だったが、どこか頓狂《とんきょう》で、びっくりしたような大きな目と、馬のような歯並《はな》みをしていた。毎土曜に、高女の寄宿にいる妹を訪問に行くのに、天気の日でも蝙蝠傘《こうもりがさ》を抱えて、顎《あご》をつき出して、中学の太鼓橋《たいこばし》を渡って行った。それを可笑《おか》しがって、舎生は拍手して送った。こんな生徒だった。

そのMが土星を覗きこむと、間もなく、途方《とほう》もない大きな声で笑って、しばらく笑い止まらなかった。僕はむろん、他の生徒たちも呆気《あっけ》にとられて見ていた。僕が、「M、何がそんなに可笑しいのだ?」と聞くと、「だって、先生、あれが星だって、あんな可笑しな星ってありますか」と言って、Mはまた、とうとう腹を抱えて笑い出した。僕等もそれに釣りこまれて、散々《さんざん》に笑ってしまった。

それから約二十年たった。一昨年の夏、僕は鍛治橋《かじばし》際(6)のガードの下を円タクで走りながら、ふと車窓《まど》の外を東京駅の方へ歩いて行く男の顔に、Mを発見した。

中学を出ると、村へ帰って先生をしていると噂《うわさ》は聞いたが、その間年賀状一枚よこしもしなかった。二十年ぶりで見た彼は、絽《ろ》の紋付《もんつ》きに袴《はかま》をはいて、麦稈《むぎわら》をかぶっていたが、その古びた鍔の陰の、大きな目も、顋をつき出して歩いている様子も、すれ違いに見ただけで、昔のMと変わりはなかった。

僕は、Mが東京駅へ行くものと決めて、すぐ大通りで用を足すなり、タクシーを返して、追いかけた。そして広い停車場の中から、丸ビルの中まで、汗を拭《ふ》き拭き、彼の羽織袴《はおりはかま》の姿を捜して歩いた。しかし、どこへどう外《そ》れたものか、捉《つか》まえそこねてしまった。ところが翌日の午後、ひょっくり僕の勤め先に尋ねて来たのが、Mだった。

僕は驚喜して応接室へ通させた。

「実は、昨日、君を見かけて追い回したんだよ」と話すと、「そうでしたか」と、大して感動があるのでもなく、しかし、それでも懐しそうにぽつりぽつりとその後の話を始めた。聞いてみれば、Mは最近に山国から出て来たのではなかった。この二、三年芝浦《しばうら》の会社に勤めていたのだが、首になったので、国へ帰る矢先、旧師《きゅうし》の僕を思い出したので、ふと訪ねる気になったのだと言う。そう言う彼は、昨日と同じ羽織袴で、白い夏シャツは袖口《そでぐち》がボタンで留《と》めてあった。

それから、自然に昔話に移ったので、僕は、Mと結んで忘れることの出来ない思い出を持ち出した。これが昨日彼を追い回した主な理由でもあった。

「時に、君は初めて土星を見た時のことを覚えていますか?」と僕は訊《き》いた。

「ええ、寄宿舎にいた時でしたね」と、Mは大きな目を輝かせて「しかし、先生、土星ぐらい妙な星はありませんですな。こう珠《たま》に輪っぱがはまっていて……」と、太い指でその格好を示し始めたが、いきなり大声で笑い出した。馬歯を思いっきり露《む》き出して笑った。

僕も一緒に笑った。ようやく笑いがとまると、昔の先生と生徒とは、顔中の汗をハンケチと手拭《てぬぐい》とで、ふうふう言いながら撫で回していた。

Mは、二十年前の笑いを東京で復習して山国へ帰って行った。それにしても、土星の姿を可笑しがって笑った男は、ガリレオが最初の望遠鏡であの正体を見て以来、Mが最初で、またMが最終ではないかと思う。

今から三年後には、土星の鍔は、その平面上に地球が来るので、いわば麦稈の鍔を横から平らに見るように一直線になって、その時は望遠鏡でも見にくくなる。それは二十九年に二度の奇観だが、恐らく丸腰《まるごし》になった武士のように、興醒《きょうざ》めた淋しい印象ではなかろうかと思っている。

僕はいつか木星に、そんな気の毒な光景を見たことがある。

木星は地球初め他の七遊星を合わせたよりも大きな遊星である。光もおおらかな銀光に輝いて、空を動くにも悠々《ゆうゆう》としてまさに遊星の王者たる貫禄《かんろく》を見せている。これに望遠鏡を向けると、やや扁《ひら》たい球で、横に数条の縞《しま》がある上に、ピンヘッドのような四個の月がこれを挟《はさ》んで、見ている間にじりじり位置を変えたり、隠《かく》れん坊《ぼう》をやったりしているのは、驚嘆《きょうたん》すべき光景である。

僕は、木枯しで蒼《あお》ざめた晩に、木星を見た時、巨大な水晶球をめぐって、その光に顔を朧々《ろうろう》と浮かせている四人の魔女を空想したことがある。しかし、ある時僕は、西空へ回った木星へ望遠鏡を向けて、彼をレンズに入れた瞬間に、思わず声をあげた。扁たい球が縦になっていて、月が二つずつ上下に直線に列《つら》なっている。これはいいが、横に見なれている縞が縦に引いているので、咄嗟《とっさ》に僕の頭に浮かんだのは、縞栗鼠《しまりす》の背中だった。

これはオリンポスの主神(7)の象徴されているこの大遊星には、気の毒な幻滅《げんめつ》だった。僕は、同じく人に見せるなら、こんな姿の木星は見せたくないと思った。そして、この時も、Mに覗かせたら、さぞ笑うだろうなと思った。

僕は土星を、つい空の玩具にしてしまったが、これはあまり彼に馴れ過ぎた冒瀆《ぼうとく》の言葉だろう。さらに、フランマリオン(8)の言であるが、この宇宙の一驚異を望遠鏡を通して眺め得る機会が容易《たやす》く得られる現代に、cold engraving を見るだけで甘んじている人が大多数なのは、たしかに欲がなさ過ぎる。一度でいい、土星の傾斜の具合で、金色の球が金色の輪ぶちの上に落とす影を覗いて見ることである。

地球自身も、太陽の光をうけているからには、円錐形《えんすいけい》の影を引いているのだが、それを映すスクリーンは、三十九万キロの天外にある衛星、月だけである。それも月蝕《げっしょく》の時だけにその一部を宿すに過ぎない。ところが、土星の場合には、これがすぐ周囲をめぐるリングの面に落ちていて、小望遠鏡にも窺《うかが》えるのである。ちょっと見ると、環がそこで欠けているように思われるが、静かに見入っていると、その影の幽微な色と感じとには、心がほそぼそとなるようである。

この土星の印象を、晩年のテニスン(9)は、ロックスリー・ホールの蔦《つた》かつらの絡《から》まった窓から小望遠鏡で眺めて、その詩に歌わずにはいなかった。これを、シェリー[10]が地球が空間に投げる「ピラミッド形」の影を空想して、二度まで歌っているのに比べると、二詩人それぞれの面目がこの一事にも現れているように、僕はいつも思うのである。

この、土星の影と、木星の月の一つが主星の面にぽつりと落して、冬の蠅《はえ》のようにじりじりと匐《は》わせて行く影と、金星が新月のように虧《か》けて、それよりも繊《ほそ》い尖端《せんたん》をプラチナのように光らせている姿とは、見たことのない人には、いくら話しても想像はつかないだろう。そして、こういう時こそ彼等は、はっきりと天体たる実感と、あわせて宇宙感ともいうべきもので、観る者の胸を打つのである。

（一九三四年 四九歳）

第二部

春の星空

年の真の夜明けは何と言っても春である。久しぶりの太陽が北半球の空を光の洪水に浸《ひた》し始める時、人も、鳥獣も、草木も、一時に冬眠から目覚める。全《すべ》てのものの脈管に新たな命が流れ、歓《よろこ》びとどよみとが到《いた》る処《ところ》に聞かれる。この盛んな天地の更生には、知識が解き得る以上の神秘が含まれているようである。

こうして春は誰にも讃美される。春の夜の情趣は東洋の詩人や歌人の独占と言うべきほど、多くの絶唱を残している。ただ春の星を歌った詩歌が東西を通じて少いのはどうしたものだろう？ たまたまエマースン(1)の散文に、「春の夜は人の心にいささかも侘《わび》しさを感せしめず、夜蔭はなかなかに悦《よろこ》ばし。星々は朗《ほが》らかなる闇《やみ》を通して、殆《ほとん》ど霊的なる光を注ぐ。彼等の下《もと》にありて、人は幼児の如《ごと》く、大なる地球は玩具《がんぐ》にも似たり」とあるのは、テニスンと並んで屢々《しばしば》星を詠じた文人ほどあると思われる。

春の夜の星は、冬の星が賑《にぎや》かな中にも自《おのずか》ら荒い大気を堪えようとして強く厳《いか》つく輝いているようなのに比べて、柔《やわら》かな夜気の奥に、いかにも若くさかしげに瞬《また》き瞬いている。殊《こと》に鳩羽《はとば》ねずみの幕に(2)銀の小桜を飛び縫いしたような夕星の匂《にお》やかさは、とても他の季節には望まれぬ眺めである。

大きな星の数も冬空ほどはない。オリオンを中心とする星々は地平へ傾くに急に、銀河も陽《かげ》炎《ろう》のように淡く西空に遠ざかる。中空には獅子《しし》座が金色《こんじき》の大鎌《おおがま》を懸《か》け、東の空から乙女《おとめ》座がその宝玉スピーカを捧《ささ》げて現われ、その北に橙黄色に輝く牛飼《うしかい》座のアルクトゥールスも、同じ光の冬のベテルゲウズほどに凄《すさま》じげではない。わけてスピーカの浄《きよ》らかさと、それに近く冠座が抱く宝冠の愛らしさとは、まことに春の宵《よい》に相応《ふさわ》しい。

弘徽《こき》殿の細殿に佇《たたず》むは誰れ誰れ。朧《おぼろ》月夜の内侍《ないじ》、光る源氏の大将(3)。

その甘い私語を花の木透きから覗《のぞ》いて聞いていたのは、この美しい星達でなかったかと空想もさせられる。

その他、北極をめぐる大熊と小熊、獅子座の下に頭をもたげてうねうねと這《は》うヒドラも、名ばかりは恐しくても、雲母《きらら》色の空にとろりと眠っているように仰《あお》がれる。殊に逝《ゆ》く春の頃の星は、歩き歩き思う人々の眼に何事かを囁《ささや》きかけているだろう。

（一九二五年 四〇歳）

黄道の行方

夜八時。外へ出た。まだうすら寒いが、丁字《ちょうじ》の甘い香がどことなく漂っているのは、さすが春である。月は上弦の前で蟹《かに》座に懸《かか》っている。それで星団は見えないし、その下の海蛇《うみへび》の頭のわらび手もぼんやりしている。木星は正月からずっと逆行をつづけていたので、今では双子《ふたご》座の二つ星とほぼ直角になっている。これと月と結ぶ線がまず黄道にあたるわけである。

黄道とか天の赤道などいう線は、むろん人間が考え出したものだが、星図でおぼえた道すじを、眼で星の間にたどってみるのも楽しみの一つである。中でも私は、冬から春へかけての黄道がすばるのすぐ下から牡牛《おうし》の角の狭い間を通り抜け、双子の長い両脚を斜めに切り、今の木星の位置と蟹座の星団を掠《かす》め、東南へのびて、獅子の一等星レーグルスを貫き、ずっと東に降《くだ》って、やがて昇る乙女座の一等星スピーカのすぐ上を通る。この大きな円弧を空の面に、西から東へ引いてみるのが愉快《ゆかい》である。レーグルスが黄道の真上に、白光の標識灯を立てているのも偶然とは思われない。

それから私は、天の赤道をもたどってみる。それは、ほとんど横一文字になった三つ星の頭をよぎって――このために三つ星は真東から昇って真西に沈む――、今南中している小犬のプロキオーンの下を通り、海蛇の前身をその首と胸に赤いアルファルドの間で横ぎり、遠くのびて獅子の尾のデネボラの南で黄道と交叉《こうさ》して秋分点を設け、それからは黄道の上を東へ走って行く。

真昼の空で黄道を思わせるのは太陽ばかりだが、去る春分の日に南半球から昇ってきて赤道を北へ跨《また》ぎ、これから北半球の主となること、また秋分の日に再び赤道を南に越えることを思うと、春の太陽がうらうらと、秋の太陽が白ちゃけて輝いて見える感じが、さらにはっきりする。

しかし、これも星に溺《おぼ》れた者の星空散歩であろう。そう思って私は家へもどった。池の方の暗がりで「蟇六《ひきろく》」が時々口ごもり声で鳴いていた。

（一九四五年 六〇歳）

昇る獅子座

夕方、東の空に獅子座が昇ってきて、その北の北斗七星とほぼ並行に立っていた。獅子の頭のいわゆる「大鎌」の星は、今の低い位置ではただばらばらとして、無理につなげば梅ばちの形にも見える。これと、北斗の頭の桝《ます》とが、春風に浮ぶ二つのアド・バルーンのようでもある。獅子の主星レーグルスは、白光りの一等星であるだけに濛気《もうき》(1)の中ではそう眼をひかない。反《かえ》ってその右に昇っている二等星、海蛇のアルファルドの赤い光の方が眼につく。同時に、この星座が獅子と並行してすっくと直立し、頭の小さい星の群れがわらびの握りこぶしのように巻いていて、獅子の頭の大きなカーヴと対照になっているのが、わざとのように見える。

それにしても、獅子と大熊とが近く対立して、背中合わせになっているのは、面白い。もっとも星座の絵にこだわれば、熊は籠《かご》の天井へかけ上がるリスのような位置だから、腹を獅子の方へ向けていることになるが、北斗の曲りぐあいから見れば、やはり背中合わせという感じである。そしてそろって高く昇るにつれ、だんだん左と右へ別れて、獅子はのけぞっていた身体を正位に取りもどし、南の天頂めがけてかけ上がる形になる。正に英国の盾の紋章の"Lion Rampant"である。

これに対して北斗はしだいに左へ傾きながら、北の空へ昇って行き、やがて獅子への関心を左下の小熊へと向ける感じとなる。そして、春の夜に天頂を境にして、南に獅子、北に北斗と、ほとんど同じ大きさで横たわっていても、星のファンが時たま北斗の指極星の直線を逆に延長して、獅子の胸のレーグルスにとどくのを見とどける以外には、早春の今夜に見るような対照を感じさせない。

やがて、この二つの大星座は、初秋にまた西の空でめぐり逢《あ》うのだが、獅子はさか立ちして頭から地平へ沈むし、北斗はずっと後まで残っているので、やはり今ごろのような並立した感じはなくて終る。

（一九四五年　六〇歳）

北斗美学

北斗七星は今、東北の中空に斗魁《とかい》（マス）の四辺形を上に、斗柄《とへい》を下にして直立している。地平拡大の現象(1)も伴っているが、今ほど雄大に見えることはない。ここで私なりの北斗の美感を述べてみる。

仮りに桝の口から星に１……７の名をつけると、１２の間隔は角度で五度あって、それが２でほとんど直角に折れ、長さ八度で３に達する。ここがマスの底に当る。次ぎに３から４へ伸びるには、角を十度余りも大きく開いて緊張をゆるめ、かつ４の光度を一等級だけ落としている。そして、これにつづく柄《え》を５６と次第に内方へ曲げ、最後に一段と曲げて、７の星で受けている。この柄の長さも、マスの口の十度角に対して十六度である。

こうして星の相互の間隔と角度との変化により、上部の直線と直角との重さ、強さが快《こころよ》く柄に支えられて、今直立した北斗の全容にどっしりしたスタビリティー(2)を与えている。七つの星の配置に、かく力と美とを調和させた自然の技巧《ぎこう》は驚くほかはない。仮りに四星を正方形に、柄を一直線に立てたのでは、これほどの効果は現われないだろうと思う。

なお自然の技巧《ぎこう》は、北斗七星の前に、北極星をふくむ七星にも小北斗ともいうべき形を与えて大小を対照させ、かつ前者に毎日一回、後者のめぐりを回転させている。

もちろん、この大小二つのヒシャクの形は、平面に宝石をセットして造ったようなのとは違う。と言って、等しい距離で空間に浮いている星々でもない。みな距離を異《こと》にして、北斗では柄のはしの7は光が私たちの眼にとどくに六百五十年を要するが、6は八十年、5と4は共に六十年、3は九十年、2は六十年、1は七十年である。だから大小のヒシャクといっても、共に偶然の見かけに過ぎない、とすれば、何という驚くべき偶然だろう。しかも大小相似の形を抱きあわせているとは！　私はどうも偶然では割りきれないのである。

（一九四五年　六〇歳）

霊魂の門

雨上りで、蟹座の星団がすぐと目に入った。双子座を出はずれた木星から獅子座のレーグルスへと引く線が黄道にあたって、星団はほぼその半ばで青白くかたまっている。「色白く粉絮《こなわた》の如きもの」と中国の天文書で説明しているのは巧《うま》い。英語のビー・ハイヴ[1]にも感心させられる。正にわんわん群がっている蜜蜂《みつばち》である。

けれど、今も言われるプレエセペ（秣槽《まぐさおけ》）の名はどうもうなずけない。上と下に見える小さい星が秣を食べている驢馬《ろば》だと言うのだが。双眼鏡では星がもう二つ加わって、星団を四角に囲んでいる。漢訳仏典に「形木櫃《きのひつ》に似たり」とあるのがこれで、時に「諸仏の胸前の満相《まんそう》の如し」と、卍《まんじ》に喩《たと》えているのは、いろいろの空想を誘う。同時に、それが肉眼ではっきり見える熱国の星空も思われる。

二十八宿ではここは鬼宿《きしゆく》で、鬼は亡魂である。つまり星団が鬼火のように見えるためで、そしてこれを積尸気《ししき》(2)と呼んでいるのも不気味である。英訳で"Exhalation of Piled-up Corpses"と読むと、いっそう陰惨《いんさん》である。

しかし、プラトンやその門下が、この星団を霊魂の出てくる門で、それらがここから下って人間の身体に宿ると説いていたのも、同じく星々を魂と見ることから来ているらしい。

こんなことを思いながら、星団から目をあちこちの星に移している間に、私は、ポリネシアの土人が死ぬ前に、思い思いの星を指さして、「自分が死んだらあの星に住む」と言って息を引き取るという話を思いだした。そう心から信じられることは死ぬ者にも、その周囲にも幸福に違いない。また科学がどんなに進んでも、これを否定し、霊魂の門を閉めきるほどの断案《だんあん》は永久に下せないはずだ。

私が死んだら行く星は、……やはりオリオンときめておこうか?

(一九四五年 六〇歳)

星雲

外の桜並木の梢《こずえ》は色づいてきたが、まだ寒さが去らず、それに雨か曇りで望遠鏡を庭に出す機会が少かった。その間にも星座はずんずん西へ移って行くので気が気でない。ところが今夜は珍しく温かく、西が晴れているので、急いで望遠鏡をすえさせた。

三つ星を上辺とする和名の酒桝《さかます》星が、鳩羽ねずみの空をかっきりと正方形にぎって、それに柄をつける小三つ星の中央が、肉眼にも青白いしみとなって、星雲のありかを示している。

アイピースを八十倍にしてそこへ向ける。まずレンズに月しろのような淡い明りがさし、次いで星雲の頭部が燐光《りんこう》に輝いて入ってきた。下からまっ黒な凸起状のものが喰い入っているので、ふと檜《ひのき》のとがりが映っているのではないかと思ったが、すぐ星雲の中の暗黒部分であるのが判《わか》った。

これが銀こうもりの形では口ばしのさきで、そこが黒いだけに青白い輝面は浮き上がって、右側には三つ四つの星が斜めに列《つら》なり、上の一つが特にも青く輝いている。しかし、すぐ眼を奪うのは左側の、四粒の真珠が小さく囲む不等四辺形《トラペジアム》で、鳥座を極度に縮めたのに似ている。否、真珠にたとえたのでは曲《きよく》がなさ過ぎる。鮮《あざや》かな藍《あい》、うす紫、濃いざくろ紅、そしてピンクだからである。しかも、この際だって美しい色の対照と、いかにも入念なデリケエトな技巧とは、どうしても星ではない。選り抜きの宝石の象嵌《ぞうがん》としか思えない。

しかし、私はやがてこの星雲が少くも地球から牽牛星《けんぎゅう》にもとどくほどのスペエスを占めるガスと宇宙塵《じん》の暗黒な雲で、それがそれらの星の光で輝いている事実を思い出した。そして、自分をも、望遠鏡をも忘れて、しばらく春の夜闇の中に立っていた。

（一九四五年 六〇歳）

夜桜

往来の桜並木から桜吹雪《ふぶき》が庭へも舞いこむようになったので、春には珍しい置きごたつから抜けて、若い者を供に、一廻《まわ》り夜桜を見に出かけた。

去年のようには月がないので、まばらな街灯の明りだけが花を浮き上がらせている。十時過ぎで、木立の深い道筋はしいんとして、冷えた花の香が昼間よりも濃く頭にかぶさって来る。けれど時たま後ろから自動車が来ると、ヘッドライトの光が五、六町はつづく花のトンネルを、先へ先へとまっ白に照らし出して、あとを暗闇に消して行くのが面白い。

この桜並木はやがて鍵の手に曲がり、さらに折れて裏通りの並木となる。そこは往来も狭いだけに花が密で、香もいっそう籠《こも》っているようだ。私のステッキと、両人の下駄《げた》の音だけが響いて行く。

表通りでは花の隙《すき》をもれて私たちと並行して南へ動いていた三つ星が、今度はいっしょに北へ向いて動いて行く。そして西がわの森が少し切れたところで、そこの一帯の星が現われたので、煙草《たばこ》に火をつけさせて、それを眺めながら行く。

双子座の二星が西の天頂近く並んで、それから垂直に引く二列の星が、凧《たこ》のしだり尾か、垂れたぶらんこのように見える。そして左に少し下がったところに大きく輝いている木星から、さらに小犬のプロキオーン、西南にまだ荒星の名残りをきらめいているシリウスへと引く線は、ぶらんこの柱の支え綱とも見える。

ふと、王維《おうい》(1)の寒食城東即事の「蹴鞠《けまり》はしばしば過ぐ飛鳥の上、鞦韆《ふらここ》は競い出づ垂楊《すいよう》の裏《うち》」という有名な句を思い出して、寒食は冬至《とうじ》から百五日目というから、旧暦では今ごろに当るのではないかしらと考えてみたが、そのうちに、木星が再び双子座のあの位置に来るのは十二年後になる。自分はそれまで生きて今と同じ夜景を見ることが出来るだろうかと、ちょっと感慨《かんがい》めいたものが浮んだ。

けれど、それは口に出さずに、「これで今年の夜桜ももう終りだね」と話しながら帰って行った。

（一九四五年　六〇歳）

ハレー彗星《すいせい》

山国の町(1)の五月(2)だった。夜明け間近に裏の桑畑《くわばたけ》に出て、東の空を見わたした。少し寝過ごしたので、星はもうほとんど残っていなかったが、全身を眼にして見つめて、あっと声をあげた。地平ではそこの明るさと濁《にご》りとで消えていたが、中空のあたりからうっすり輝きを帯びて天頂へかけて長大な光のすじを斜めに引いていた。待ちかねていたハレー彗星だった。

息を飲んで見ているうちに、間もなく消えて、夜は明けはなれた。その時のしんとした桑畑、朝露でしめった緑の葉の連なり、近くの長禅寺《ちょうぜんじ》山の、若葉を盛りあげた姿までが、ひどく印象的で、今も目に残っている。その朝登校するなり、同僚の博物の教師が、ハレーを見たと言った。ずっと夜半から待っていて、私よりはっきりと見たらしかった。翌朝、東京の「万朝《よろずちょう》報《ほう》」(3)に、甲府中学の教師が初めて大彗星を目撃したと出ていたのは、主としてK氏のことだったと思う。

それからは毎朝、やがて毎晩のように、このサーチライトのような空の怪物を畏怖《いふ》を感じつつ見つづけたわけで、そのスケッチも残っているが、思い出の中にはそれよりも、だいぶ遠くなって魚形水雷《ぎょけいすいらい》のような形でぼうと中空にかかっていた姿が目に浮ぶ。世間でも見馴れて、あまり騒がなくなっていた。私は毎晩中学へ行っては、小さい望遠鏡で、ただひとりで眺めていた。核は肉眼で見た方がはっきりして、レンズでは人魂《ひとだま》みたいにぼやけていた。

明治四十三年（一九一〇）のことだったから、もう五十年も昔になる。その正月には、ハレーの魁《さきが》けに「白昼の彗星」まで出現した。しかし、その後これほどの大彗星は現われていない。

ハレーは周期七十六年だから、十二年ほど前に海王星よりずっと外の基地に達してそれからターンし、今でも黒暗々《こくあんあん》たる空間を、尾のない、もうろうとした姿で、太陽に向って疾走《しっそう》しているだろう。そして、再びあのおどろおどろしい姿を見せるのは、一九八六年の春だという。

孫よ、お前が四十三歳(4)になってのことだよ。

（一九四五年　六〇歳）

帆《ほ》かけ星

月しろはもう東の空にひろがっていたが、それに消されずに、烏座の四つ星が四辺形を描いているのが見つかった。日本の名の帆かけ星、西洋でもいう帆船のスパンカー（帆）が最もよくこの形と、時刻による動きをも表わしていていい。

昇ったばかりで帆は左へ傾いた姿で、これからだんだん起き上がって、南中では直立し、それを過ぎると右へ傾《かし》いで、やがて西の地平へ沈んで行く。そしてあくる晩またこれをくり返す。

あれは何という玩具だろうか。背景に森だの山だのが描いてあって、ネジを巻くと、その前で細いベルトに固定した豆汽車が走って行き、やがてトンネルに隠れ、しばらくしてまた一方のトンネルから現われて来て、これを絶えずくり返す。海の景色なら、ヨットだの帆かけ船などが同じようにどうどうめぐりをやって見せる。

あの玩具が私は好きで、見ているとその動きが何か不思議にさえ思えてくるのだが、烏座の帆かけ船の動きは、それを連想させるのである。むろん黄道に沿う星座はすべてこの動きをやる。しかし、帆かけ星の小さくまとまった形と、そう高くもない空を行くのが、いちばんこれを想《おも》わせる。

また私は、この四辺形は四つの星を改めて結んでみるまでもなく、いつも目に見えない、例えば銀の針金などにつながれているように空想することがある。これがなまじ正方形でなく、少しいびつなこともこの感じを強めているのだろうか。

それから私は、帆かけ星と共に、その地平の彼方《かなた》でサザン・クロス（南十字星）が動いている姿を眼に浮べる。そしてこれが南中すると同時に、星の大十字も直立して、甥《おい》の一人も沈んだガダルカナル(1)の海に、静かに影をひたしていることを思うのである。

（一九四五年　六〇歳）

夏の星空

梅雨雲《つゆぐも》が空を封ずる一ケ月の間は自然に星にも疎《うと》くなるが、それが過ぎると、どんな人にも星を想わす七夕《たなばた》の行事がある。それから縁端に更《ふ》けるまで団扇《うちわ》が白く動き、話声が聞え、その途《と》ぎれには、知らず知らず銀河を仰いだり、流れ星を数えさせたりする晩がつづく。ほんとに夏ほど人間を星に親しませる季節はない。冬の夜の燦《きらめ》きに強い寒さを思う人達は、夏の夜の瞬きを涼味《りょうみ》に欠けてならぬものにしている。空と地とも亦《また》そのように親しみ合っている。土に残る昼の蒸《いき》れは、永《なが》い黄昏《たそがれ》を越えて夜の空を柔かく抹《ぼか》し、あるかなきかの涼風に、無数のランプを揺《ゆす》ぶっている。

牛飼座のアルクトゥールスと乙女座のスピーカとは、八月の宵にもまだ夕映《ゆうばえ》の褪《さ》めた後に輝いているが、夏空の中心は琴座のヴェーガ（織女《しょくじょ》）と鷲座のアルタイル（牽牛《けんぎゅう》）と、その間に美しい頸《くび》を伸ばす白鳥座の姿とである。銀河はその白鳥を浮べ、相恋《あいこ》うる二つの星を隔《へだ》てて一気に南へ流れつつ次第に濃さと輝きとを加える。しかも黄道の近くから地平へかけては、蝎座《さそり》と射手《いて》座の星々を、消えるのを忘れた仕掛花火のように、燦爛《さんらん》と振り撒《ま》いている。暮れて間もなくそこに真紅《まっか》な隻眼を光らすアンタレースを見ると、まだ地球の彼方《むこう》から照り返す熱に喘《あえ》いでいるもののように見える。中国でこれを呼ぶ「大火」の名は、この印象を表わして憾《うら》みがない。

こうして夏の夜の華かなページェント(1)を仰ぐ人たちは、是非《ぜひ》それに加えられる花形たちの名を知っていなければなるまい。まして遠い土地土地に旅して、そこの空に輝く星を知っている事が、どれほど旅情を濃《こまや》かにしてくれるだろうか。別《わ》けて高山の寒気に慄《ふる》えながら、今夜も暑さにまだ蚊帳《かや》を潜《くぐ》っていまい家の人々と同じ星を眺めていると思う興味は、とても他の人には想像できまい。私は知らぬ国々の紀行を読んでいて、星の名が書いてあるのに出逢うと、俄《にわ》かに強く実感の加わるのを覚える。

夏も半ばを過ぎると、銀河が天頂を流れるようになり、東の空に天馬ペガススの四つの星が大方形を傾けて昇って来る。それにつづいてアンドロメダ座の大星雲が妖《あや》しい燐光《りんこう》を点じているのを見出だすと、一時に秋の息吹《いぶ》きが空に流れ始めているのを感ずる。（一九二五年 四〇歳）

空よりの客

星の弟子のHは、月島の牛肉問屋の息子だが、沖縄の舞踊《ぶよう》や音楽に精通していて、レコードもたくさん集めているし、私によくそういう話をしてくれた。その一方に、戦前には霧《きり》ケ峰《みね》でグライダーの指導をしたり、戦争の間には、軍とどういう関係があったのか、御前崎《おまえざき》辺の飛行基地に行っていて、自分でも度々《たびたび》飛行機に乗って、沖縄へも行って来たという話もしていた。

時々ふらりとやって来ると、縁先にも掛けず、一時間でも二時間でも立ったままで話して行く。そしてその間によく、戦争が終りしだい、私を沖縄へ案内すると言った。聞き流していたが、当人は大まじめなので、あるいは事実になるだろうかと思うこともあった。

むろん、これはまだ勝っていた当時のことで、そのうち敵機もやってくるようになった。ある夏の晩の十時過ぎ、警戒管制で雨戸を閉めきり、電灯に黒い布を垂れて仕事をしていると、外から低く私を呼ぶ声が聞えた。電灯を消して雨戸を開けると、庭の星明りを背に黒影が一つ立っていて、皮のジャンバーらしく油の香《にお》いがした。

声は久しぶりのHで、いきなり「先生は、あのアンタレースをビルマ・ルビーの紅にたとえておいでですが、ついさっき成層圏まで飛んで見たあの星といったら、そんなものではないです。そうさなア……ルビーをストーヴにくべたら、あの赤さになるでしょうか。それをお話ししたくて抜けて来ました」

こう口早に言うと、「では、御機嫌よう！」と、こっちの言葉も待たず、黒影は庭の闇に消えてしまった、忽然《こつぜん》空から訪れたアルセーヌ・ルパンのようだったろう。私は呆気《あっけ》に取られたが、そのあと、東南の中空のアンタレースの赤い光を見上げてから雨戸を閉めた。

むろん沖縄行きは実現されなかった。しかし、終戦の翌年かにあった沖縄の告別舞踊会には、Hは私を案内してくれた。そしてその後、いつの間にかころりと亡くなった。

（一九四五年 六〇歳）

駒鳥《こまどり》の谷

白峰《しらね》三山(1)に登る芦安《あしやす》口の、夜叉神《やさじん》峠を抜く自動車道路の写真を新聞で見た。

この峠の上は一面のカリヤス(2)で、谷から吹き上げる冷たい風に一せいに吹きなびき、東には、甲府盆地を越して驚くほど高い空に、富士が紺瑠璃《こんるり》にそびえ、西には、野呂《のろ》川谷を圧する農鳥《のうとり》山の広びたいに、鳥形残雪を現わす紫黒色の岩壁が見上げられた。ここからさらに杖立《つえたて》峠を越して広河原《ひろがわら》(3)の小屋にいたる谿谷《けいこく》は、駒鳥(4)の谷と名づけたいほど、両岸から鳴きかわす声の絶えまがなかった。

私は、日の暮れに広河原の樵夫《きこり》小屋に着き、あくる日北岳《きただけ》へ登って来て、またここに泊った。夜、樵夫たちは小屋前の広場で大焚火《たきび》をする。その火明《あか》りと爆《は》ぜる音とで、シラビ(5)やトウヒ(6)の処女林の中から寝鳥が騒ぎはじめ、駒鳥が時ならぬヒンカラーを歌いだすほどだった。

焚火がなま赤いおきになったころ、気がつくと、すぐ前の野呂川の高い狭い空に、十日ごろの月が小さく懸っていた。私はひとり、河原づたいに小太郎沢の方へ下りて行き、月の光の中へ突き出ている大岩に登って、仰向けに寝た。

頭の下は、万年雪を水源とする野呂川の瀬音で、月を見上げながらそれに聞き入っていると、人里まで一日路はある山奥の淋《さび》しさが感じられ、東京の家のことも思い出されてきた。その中《うち》にふと、谷の空に月の光にもまぎれず、青白い星が一つ、つつましやかにきらめいているのが目に入った。

何の星だろうと見つめている間に、織女だと判った。その瞬間、思わず、「君、そこに来ていたのか」と、声をかけたいほど懐《なつか》しかった。東京の庭でいつも夕涼みに見ていた星が、この遠い南アルプスの谷まで、いつの間にかこっそり尾《つ》いて来ていたような気持がしたからだった。

その広河原にもいずれホテルが建つだろう。もう駒鳥の谷とも言えなくなるだろうし、星もこう懐しく仰がれなくなることだろうと思った。

（一九四五年 六〇歳）

錯覚《さっかく》

夕立が過ぎ、虹《にじ》が現われて夜になった。庭に立つとすばらしい星で、天の川のクレヴァスも鮮かに走っているし、蝎座の大カーヴが初めてでも見るように、実に奔放《ほんぽう》で、雄麗《ゆうれい》である。

こんな晩こそヘルクレスの星団が見えるだろうと思って、まず南の天頂に高いその星座の鼓形を見つけ、その右辺を上にたどると、果して青白い光のしみを見出だした。満足はしたものの、六等星ほどの光度に過ぎず、何万という太陽がひしめき合っているという壮観は、写真を思い出すよりほかはない。

ところが、そうしてうんと仰向いている間に、私はふと自分が上になり、空を見下ろしているような感じがした。一面に星をちりばめた暗い広大な深淵《しんえん》が直下にひろがっていて、そこへ自分が落ちこもうとするのを、ごく短時間ながら感じたのである。足がよろけたので、後ろへ手をのばした。それで錯覚は過ぎてしまった。

愚《おろ》かなことと言えばそれまでである。人間はむろん地球の重力に支えられているので、下というのは大地であり、上というのはいつも天である。けれど、私たちが直立していることは、見方を変えれば、頭を下にしてぶら下がっていることである。そのぶら下がっている自分をこの瞬間感じたと言って、言えないことはない。

人は宇宙の神秘を太陽に、月に、そして星に求める。しかし、この脚下で直径一万三千キロメートルの巨大な球が、この刹那《せつな》にも、果てもない空間を秒速三十キロという猛烈なスピードで走っている事実を、時に瞑想《めいそう》すると慄然《りつぜん》とさせられる。ただ、それを実感しないままに、無限運動の球ころがしの上に日夜安住もし、いがみ合いもしている。

だから、たまには天地が転倒して人間が逆立ちし、今にも星空へ墜落しようとする錯覚ぐらいは時々感じていい。それだけでも、人間を謙虚にする足しにはなるだろう。――こんなことを空想している中《うち》にふと、戦争の間、地軸が少しぐらつけば、万事けりがつくのにと考えたことを思い出した。

（一九四五年　六〇歳）

アルビレオ

星座の名の美しいものというと、西洋ではオリオンとアンドロメダをあげる。オリオンの強く荘重な音は、獅子の皮をまとい、こぶこぶの橄欖《かんらん》の棍棒《こんぼう》をひっさげて海の中をも闊歩《かつぽ》した巨人猟夫にふさわしい。アンドロメダの美しくおおらかな響きは、しぶきの散る磯岩《いそいわ》につながれて、豊麗《ほうれい》な裸身《らしん》を海魔の前にさらしている王女を、ルーベンス(1)の画から抜け出させる。

星の名にも美しいものが多いが、中でもsweetな名はアルビレオ(Albireo)である。四つの母音を連ねた上にlとrの子音を含むので、甘く舌に媚びてどこまでも転がって行く。私は処女著(2)にこれを、「夜鶯《よるうぐいす》の啼《な》く南国の星月夜に、小さい紅い唇から囁《ささや》かれそうな名」と書いたが、今でもあまり気恥しいとは思わない。

アルビレオが、白鳥座の嘴《くちばし》に位置する星であることは、天文ファンなら誰でも知っている。

四季の空でも稀《まれ》にきらびやかな銀河の面を、長い頸《くび》をのべ、大きな翼をひろげて飛ぶ水鳥の女王にちなむ名としては最もふさわしい。しかも織女と牽牛とを結ぶ線の中央に近く位置することも、偶然でないような気がする。

けれどアルビレオは、それ以上に小望遠鏡の持主を魅了する二重星である。これをレンズに捉《とら》えると、金じきの主星が、その色の光の漲《みなぎ》る中心に燦然《さんぜん》と輝いているのに、小さいエメラルドの伴星が、抱かれるようにしてまじまじと瞬いている。

私は中学生の昔、ボール筒の望遠鏡で初めてこれを見た時に、こんな贅沢《ぜいたく》な光景をかいま見ていいのかしらと、思わず後ろを振返ったことを思い出す。後にはこれに天上のロミオとジュリエット、或《ある》いは『妹背山《いもせやま》』(3)の雛鳥《ひなどり》と久我之助《こがのすけ》を空想したこともある。

ともかく、あの眼のさめるような美観をまぶたに焼きつけてこそ、アルビレオの甘美な語感も完《まっと》うされるのだと信じている。

(一九四五年 六〇歳)

遠花火

丸子玉川《まるこたまがわ》でやっている花火(1)が、近くの中学の岡まで行けば見えるという話で、夕方団扇《うちわ》片手に出かけてみた。南へ向いた土手のあちこちに見物の人影が見える。私も草地にうずくまる。

その間にも野のはずれの暗い空で、時々花火の輪が大きくぱっと開いては消え、しばらくしてドーンと音が聞えて来る。あじさいの花びらを撒《ま》いたようなのや、乱咲《みだれざ》きの菊のようなのや、それが見る間に五色にも変るのがある。人間が考えた遊戯では最も豪華なスペクタクルだ。それも空が舞台なのがいいなどと、今さら感心してみる。

そこはちょうど蝎座の前で、花火が開いた瞬間には星座が消え、花火が消えるとすぐ現われて、主星のアンタレースが赤い花火の名残りのように輝いている。そうかと思うと、「流星」が青い火を引いて星の間を縫《ぬ》って昇り、強く光って消える。時には火の柳が開いて八方へ枝垂《しだ》れ、消えたあと、つり星が一つゆらゆらと懸って、しばらくそこの星に紛《まぎ》れている。この花火と星の戯《たわむ》れも楽しい観物《みもの》である。

そのうち河原では仕掛花火が始まったらしく、低い空に一面によどんでいる花火の余煙が赤に青に照って、その中から盛んな爆音が聞えている。その間、打揚げは間遠《まどお》になった。

私は団扇で藪蚊《やぶか》を追いながら考える。あすこまでは直線にして五キロぐらいあるだろう。すると、花火の音が聞えるには十五秒ほどかかる。あの光は？　秒速三十万キロだから、一キロで三十万分の一秒、五キロなら……六万分の一秒で目にとどいているわけだ。しかし数には出ても、こんな時間は仏教の一刹那《せつな》——約七十五分の一秒——と言っても言い足りない。

では、一ばん近い星なら？　と私は空を見わたす。東南でヒコボシが瞬いていた。あの星で花火をあげるのが見えたとしても、十六年先のことだ。爆音が聞えるとすれば、何百万年かかるかな？

こんな空想をやっている中に、あじさいの花が再びぱっと眼を明るくし、ドーンと音が聞えた。それで、私はわれに返ってまた花火のつづきを見ることにした。

（一九四五年　六〇歳）

星無情

今日は原爆忌(1)である。新聞に句集『広島』の引用を幾つか見た。一句ごとに思わず太息《たいそく》が出て、「碧眼軽羅《へきがんけいら》汝の故里の街かくなりなば　池辺正雄」の憤りを感じた。中でも、

　髪束になって抜ける星座ひしめいて　佐々木猪三美

の句には目も耳もふさぎたくなった。陰惨に過ぎて、活字に残しておくのさえどうかと感じられた。

「逃げのびる行方を月の塀にかく　宮田哮風」という句があるので、その晩は月明りがあったらしい。繰ってみると、上弦を少し過ぎた宵月《よいづき》である。鬼気に満ちた死の呻吟《しんぎん》の街の上に、何事もなかったように空が澄みわたり、そこに月がけろりと輝いていた。生き残った人たちの中には、これを憎悪の目で見上げた人が必ずあったに違いない。

そして月が落ちると、蝎、射手、織女、牽牛など夏の星がいつもに変らず空をちりばめる。夜が更けては秋に見る星、夜明けにかけてはすばる、オリオンさえも昇る。髪を梳《す》き、または、せめて結ぼうとした女性は、前々からそういう星座を見知っていた。ところが、女の命の一部である黒髪がごっそりと抜け落ちた。泣くにも泣かれない恐怖と絶望である。そして、うつろな目で見上げる星座はいつもと変りなく、ひしめき合って——髪の如く密に、天の川の星々はさらに密に、銀砂子《ぎんすなご》のように埋まっていた。もし、この女性に少しでも心のゆとりがあったなら、星空へ拳《こぶし》をふるいたくもなっただろう。

人間が異常な事件に遭遇した時に、いつも感じるのは、月や星が冷厳なことである。私も娘が亡くなった前夜、[2]四方空襲の火の空で、いつもと変りなく瞬いている星に強い憤《いきどお》りを感じた。けれど、今私が思い出したのは、カロッサ[3]の次ぎの言葉である。——

われわれの喜び、われわれの嘆きを星は永久に聞きとりはしない。しかし、星々の輝きは、われわれが喜び、嘆きに堪え得るよう、いつも優しい調子を保っていてくれる。

その女性にも、せめてこの言葉をすすめたいと思った。

（一九四五年　六〇歳）

星池石

私の朝涼の仕事の一つは、床の間の水石の池に、冷たい井戸の水をたたえることである。佐渡の青石で、大たい船形をしており、頂きもほぼその形に凹《へこ》んでいる。

私は久しく、机の上にすえて毎朝清水を満たす、つくばい形の水石を探していたのだが、見出だしたこの石は、それにはやや大き過ぎて、持ち運びにも力が要《い》る。けれど、青いなめらかな玉のような濡《ぬ》れ色を見た時に、一も二もなく気に入ってしまった。

それに自然の凹凸が、片側では絶壁のように切り立ち、片側では熔岩《ようがん》のように円《まる》く波打っていて、頂きの池の水は、青ぶちの色に沈んでいる。ペンに疲れた目をこれに休めている中に、昔登った山々の、例えば白馬《しろうま》のお池（1）や、南の大カンバの池（2）などが見えて来て、キャンプを張るなら池のこのへりなどと空想したりする。

これを星池石と名づけたのも、そういう山上の池に映っている星影を思い浮べながら、手に入れた夕方、庭で、天頂に青くきらめいていた織女の影を映したからである。

また朝露の下りている間に、近くの野原を散歩して、つゆ草や、ひるがお、かやつり草などをつんで来て、この池に投げ入れるのも、楽しみになっている。つゆ草が昼までも持たないのに、いつも後悔めいたものを感じるが、私はこの可憐《かれん》な花が好きである。そして、度々この色の星はないかと考えてみるのだが、これほど濃藍《こいあい》の星は思いつかない。まず天秤《てんびん》座のβがこれに近いが、むしろ濃緑である。

戦争の間、燃料の足しに庭のまわりの立木を乱伐《らんばつ》したので、すだれ越しでも午過《ひるす》ぎの日ざしはつらい。けれど、南宋天文図の拓本《たくほん》(3)の黒々とした大幅と、その前の青い水石の濡れ色と、つゆ草の花とは、私の目にいつも涼味を伝えてくれる。

(一九四五年 六〇歳)

秋の星空

しわしわと古蚊帳に寄る波から、朝涼の森に銀鈴を振る蜩《ひぐらし》の音から、日本の秋は立つ。初秋の名に、この俳句の国民は昔からどれほど複雑な情趣を寄せてきたことだろう。そして赤とんぼが飛ぶ彼岸《ひがん》の中日は、太陽が南へ旅する名残りに乙女座に憩《いこ》って、昼と夜とに同じ長さを与える日、最も秋らしさを覚えさせる日である。これを境として北半球の午後は来る。夏の日ににじむ冬の日のかげりは、涼しさから日に日に冷たさへと変って行く。

秋の星は割合に淋しい。夏の夜空のページェントの後に一先《ひとま》ず幕を引いて、冬の夜空の乱舞の為に準備しなければならぬからである。唐の劉禹錫《りゅううしゃく》(1)が朗州《ろうしゅう》の謫処《たくしょ》(2)から、同じ杭州《こうしゅう》に謫せられていた白楽天(3)に寄せた詩に、

月露光彩を発す　此時《しじ》方《まさ》に秋を見る
夜深うして金気応じ　天静かにして火星流《くだ》る
虫響いて偏《ひと》えに井に依《よ》り　蛍飛んで直《ただ》ちに楼《ろう》を過ぐ
相知尽《ことごと》く白首　清景復《ま》た追遊せんや

とある。「火星流る」は、蝎座のアンタレースが秋来って西へ下ることを言ったもので、九月半ばにはもう地平に低い。織女と牽牛とはまだ暫《しばら》くは銀河の北と南で見果てぬ夢をかこち合っているが、他に一等星としては、東南の空低く寂《さび》しい孤光を点ずるフォーマルハウトを僅《わず》かに数えるのみである。

秋空の観物《みもの》は星の大きさには無い。天馬の四星が描く大方形、カシオペヤ座の女王の椅子《いす》、アンドロメダ座の星雲、ペルセウス座・鯨《くじら》座の奇怪な変光星、及び時々星座を貫いて飛ぶ流星と、天頂の銀河とである。特に銀河が秋更けるに連れ、夜毎《よごと》に冴《さ》えを見せて白々《しらじら》と懸る姿は、思いを遥か天外へ誘い去らずには措《お》かない。しかしそれとても、アンドロメダの大星雲が距離六十八万光年のよその一宇宙である事を知った驚嘆には及ばないだろう。

この間地上には幾たびか野分《のわき》(4)が吹き、時雨《しぐれ》が降り、露霜《つゆじも》が宿り、森の梢は日に日に裸《あら》わとなって、ここにも冬の星の為の舞台が用意されて行く。やがてペルセウスの羽の生えた靴先《くつさき》に、プレヤデス星団が真珠の房《ふさ》を懸ければ、それを合図として一年の大詰《おおづめ》、冬の幕が静かに巻き上げられる。

(一九二五年 四〇歳)

いかりぼし

夕涼みの縁で毎夜、南の星の動きばかりを見ている間に、北の星も動いて、ある晩気がつくと、カシオペヤが天の川に浸って昇っていた。

まだWの形を左へ、北極星を仰いで立てているのが、イカリボシ（錨星）の和名をうなずかせる。そして私はいつの年も、佐野まもる氏の句を思い出す。

錨星蜑《あま》が外寝も季《とき》過ぎぬ

瀬戸内海の小島で晩夏に詠《よ》んだ句で、夏のさかりは浜辺に引きあげた船などに外寝していた漁夫たちが、夜も露けくなりはじめたので、小屋に引っこむようになった。それに応じて錨星が次第に高くなり、秋近いのを告げているというのである。錨星の名が、巧《たく》まずして漁夫の生活と呼応しているのも凡手《ぼんしゅ》でない。

イカリボシは、今では教科書にも載《の》り、定称になっているが、これは私が、こんなにも顕著な形で、しかも北斗七星と相対して北極星を求めるのに重要な星が、何とか和名のないはずはないと探査にかかってから、十年以上もたって入手した名だった。

昭和七年の夏、香川県観音寺の森安千秋氏が、近所の釣好きの人たちと星を見ている間に、ふと耳にとらえた名で、それも初めは、夏の夜沖に出ている漁師たちが、イカリボッサンの高く昇るのを見て夜の更けたのを知るとだけ報《し》らせて来た。次いで、愛媛地方のヤマガタボシ（山形星）が来た。これもWに相違なかった。それからイカリボシは、徳島・広島・福井・石川・宮城・岐阜等と分布が広くて、海上でネノホシ（北極星）を見出だすに用いられていることも判った。

Wを和船の錨の形と見たことは、海の国日本の星名として優秀であるし、北斗七星のカジボシ（舵星）と対することで、いっそう推称されていい。海外にはこの見方はないようである。

（一九四五年　六〇歳）

初対面

よく晴れた星月夜で、久しぶりで庭に望遠鏡を立て、星をのぞいていた。ところへ、木立で暗い門の方から、昼間誘っておいた中村白葉氏(1)が声をかけ、つづいて数人の人影が懐中電灯の光の輪を先にはいってきた。白葉氏は、「志賀さん(2)です。星を見たいと言われるので。……ほかはお子さんです」と紹介した。私は思いがけない喜びと共に少しうろたえながら、庭の星明りでは見えない顔どうし、初めての挨拶《あいさつ》を交わした。

志賀さんが近くに居を定められて半年近くになるが、私は引っこみ勝ちの気性《きしょう》で上がらずにいたところへ、こうして無造作《むぞうさ》に見えたので、さすが恐縮せずにはいられなかったのだ。

しかし、私はすぐと、恐らく望遠鏡で星を見られるのは初めてだろう、この『暗夜行路』の作家が星をどう感じ、どんな言葉をいわれるか、その好奇心が頭を持ち上げだした。

筒口は、今西北の空に柄を立てている北斗の二重星に向いていた。私はそれを指さしておき、望遠鏡では、主星が更に二つのサファイヤのように分れて輝いているのをお見せした。

志賀さんがまず長身をかがめてのぞいて、「なるほど、これは美しい」とつぶやかれてから、小さいお嬢《じょう》さんと代って後ろに立ち、「見ているのはあの星だよ。目では小さい星がそばにくっついているが、それで見ると、ずっと下の方に離れて、別の星が大きな星のそばに光っているね」と言われた。

これは、私が今言ったことのほとんど復誦《ふくしょう》だった。私はここに父としての志賀さんを初めて聞いた。更に初対面の一アマチュアの言葉を、無条件に自分の言葉にされたことに胸がはずんだ。

同じことがほかの星にも繰り返されてから、私は座敷へ上って電灯をつけ、そして灯下で改めて初対面の挨拶を交わした。志賀さんは優しい眼で私を見て、お子さんを順に名ざして紹介された。

やがて帰られた後、私は縁ばたで膝《ひざ》を抱いて星を見上げながら、今夜はすばらしい晩だった、これも君たちの賜《たま》ものだなとつぶやいた。

（一九四五年　六〇歳）

中秋名月

すすきは近い野原まで行けばいくらでも生えていて、戦争の間、月に供《そな》える畑のものがなかった時でも、すすきばかりは縁側の鴨居《かもい》にとどくほどだった。今では、むろん豊秋の実りをこれに添え、電灯を消して、月が座敷の中までさし入るのにまかせている。

高山樗牛《ちよぎゆう》(1)は、青い色を横笛の音色に、青い底に暗さを帯びた月の光を尺八の哀音に喩《たと》えて、そのために物悲しい懐古の情を誘うのだと書いていた。ともかくこうして青い光に浸りながら澄みきった空の鏡を見上げていると、やはり戦争の間に亡くなった人たちや、遠くへ疎開したきりになった友だちのことなどが思われる。さらに終戦の秋、すぐ近くの焼野原に立って、昼間のような月明りに、「旧《ふる》き都を来てみれば」と、『平家物語』の月見の事の今様《いまよう》を口にし、ひどく感傷的になったことも思い出される。あの時は志賀さん(2)も、この秋の月はどうも懐古的にならせるとつぶやいておられた。

月に満ち欠けがなく、いつの夜も満月だったら、こんな感慨もずっと弱まるに違いない。また、月の平面が平滑で、文字通り鏡のようだったら空想もずっと減ることだろう。日本で兎、中国でガマ、西洋でカニや女の顔に見立てるうす黒い模様があればこそ、私たちの眼は月に引きつけられ、それからそれへと空想を馳《は》せているわけである。

中国の昔には、月に月宮殿があり、桂《かつら》の木が茂り、天女が住んでいるとも考えていた。それで日本にも『竹取物語』のような美しい文学が生まれた。さもなくとも、つい百年前ぐらいまでは天文学者でさえ、月に月人というような生物のいることを否定してはいなかった。

今では、こんな想像は愚かなことだが、こうして明月に対していると、月人の存在を信じていられた時代の心境がうらやましくもなってくる。地球に「隣りあり」との感じは、明るくのんびりしていたに違いない。特に今の荒れた世情と比べるとである。

（一九四五年 六〇歳）

オリオン現わる

十時過ぎ、今年初めてオリオンが昇っているのを見た。葉をふるい落した桜並木の枝にかかって、星が一つ一つ火花のように爆《は》ぜていたので、庭の西がわまで歩いて行き、さえぎるものがないようにして眺めてみた。

暮春のころ西の地平へ見送ってから、夏の夜明けに見たこともないではないが、それは消えて行く姿で、今夜こそ半年ぶりの対面だった。私は忙しく、三つ星、小三つ星、それらを長方形に囲む四つの星の配置と、一々の色、瞬きに眼を配って、安心したような気になった。

これは少年の昔、木枯しの夜に見おぼえてから、毎年今ごろになると経験することで、この雄麗な星座がいつに変らぬシステムで、時をたがえず現われてくるのが、何か不思議なのである。それに、星たちのいつも若く新鮮な印象が、まるで初めて見るもののように思える。この驚嘆と讃美を年々くり返してきて、さらに死ぬ日までもくり返して行けることは、星に親しむ者のみに許された特権だと思う。

「星空が一千年に一回しか見られぬものとすれば、人類は、昔は神の宮殿が現われたことがあるそうだと言いつぎ語りつぎするだろう」とエマースンは書いているが、この神の宮殿の中心をなすものはオリオンに相違ない。全天で八十八を数える星座の中でも、オリオンほど整然たるプランに成っているものは見出だし得ないからだ。正に大自然という名匠《めいしょう》の造った最高の傑作だという他はない。

私はふと、英国のある天文随筆家が、仮りに空から北斗七星を消すか、オリオンを消すかと提案されれば、オリオンを消そうと書いていたのを思い出した。これは緯度《いど》のせいで、北斗は天頂に近いが、オリオンは低く、その雄麗さを私たちのように満喫できないためかとも思う。

オリオンの消えた空などは、富士山の消えた日本みたいなものである。と言って、北斗の消えるのも困ると思って北の空を見ると、今地平にもぐっている時で、姿は見えなかった。

（一九四五年　六〇歳）

北落師門

南魚座の一等星（フォーマルハウト）は、漢名を北落師門という。「晋書《しんじょ》」(1)の註を見ると「北は宿北方に在るなり。落は天の藩落《はんらく》なり、師は衆なり。師門はなほ軍門の如きなり。長安の北門を北落門といふは、これに象《かた》どるなり」とある。

この理由から北落師門は兵星と見られて、「史記」の天官書(2)にも「北落若《も》し微なるときは軍を亡《うしな》ふ」などとあるし、李白は楽府《がふ》『司馬将軍の歌』の中に、

狂風古月《くらきつき》を吹き　ひそかに弄《ろう》す章華台。
北落の明星光彩を動かし　南征の猛将は雲雷に如《に》たり。
手中の電は撃つ天に倚《よ》るの剣　直ちに長鯨を斬《き》って海水開く。

云々《うんぬん》と、この星の光が鋭く、南征の士気が大《おおい》に昂《たかぶ》っていることを祝福している。

それはともかく、私は「北落師門」という名と響きとが、何かこの孤独な星の印象に通じているようで、ひどく好きである。それで泰山の石に刻した金剛経の大字から、この四字を石刷りにしてもらって、床の間一ぱいの幅にしたいと思ったが、文字が揃《そろ》わなくて果さなかった。

ところで、いつぞや野間仁根《のまひとね》(3)画伯の個展へ出かけて、初対面でいろいろ瀬戸内海の星の話を聞いている間に、ふと北落師門のことになって、私が「あれを法号とするつもりです」と言うと、画伯「惜しいことに一足違いでしたなあ」と言った。それは、姫路の某氏という人が前年の秋、病室の窓から毎夜北落師門を眺めている間に、その孤独な感じが非常に好きになって、遺言《ゆいごん》してこれを法名にし、墓に刻ませたというのである。

私は「なるほど、一足違いでしたなあ」と笑ったのだが、同じ星に心を寄せ、それに慰めを見いだした故人を慕《した》わしく思った。

(一九四五年 六〇歳)

鯨座

八時ごろ玄関の前に出てみた。今夜も美しい星月夜で、天馬の大方形が頭の真上に懸かっている。それを見上げて気づいたのでは、南の一辺は地平線と並行していず、方形はやや西に傾いてむしろ菱形《ひし》に見える。そして、その東の一角から馬の鼻づらの赤い星へ引く直線と、西の一角につづくアンドロメダの直線とが、菱形を中心としてほぼ東から西へ空を横断している。そして、これら東西の直線に引かれながら、菱形はひしゃげまいと張りきっているように見える。それに、東の線には、牡羊《おひつじ》・三角の二つの三角形が加わり、西の線には海豚《いるか》座のヒシボシが加わっているので、いっそう緊張を感じさせる。かつ、これらの小さい星座が、いつもより大きく見えたことも意外だった。

こんな光景もあったのかと、一心に見上げているうちに、私はふと身体が大地から離れて、

——あるいは空の方が下がってきて、顔を天馬のその菱形の窓におしつけてのぞいているような感じがした。短時間だったが楽しい錯覚だった。

それから魚座を越して、鯨座に眼を移してみた。いつもながら広大なばかりでもうろうとした星座だが、海魔の頭の四つの星が巨大なスーツケエスの形をしているのと、ずっと離れた尾の二等星とを見とどけたので満足した。

胸の変光星ミラは、今ごろ極小の光に落ちているので、そこはがらんと暗い。けれど私はしばらくその位置を見つめて、膨らんだり縮まったりして光を変え、二等の光を放っていた巨星が、今縮まって光度五百分の一の九等星となり、黒暗々の無間《むげん》地獄に堕《お》ちたサタンのようにもだえているのを空想した。

その星は今こそ見えないが、そこに存在する。そして忍耐強くじりじりと膨らみ、八等、七等、六等とやがて夜空ににじみ出て、二百日の後に極大の光にたどりつく。この周期は三百三十二日、まことにミラ（不思議なもの）に違いない。そして、それがアンドロメダ王女を喰《く》おうとした海魔の胸に明滅することも偶然でないように思われた。

（一九四五年 六〇歳）

ペルセウスの曲線

夜八時、すっかり葉をふるい落した桜並木の上で、東北の中空いっぱいにペルセウス座が懸かっている。高く昇りつめた時よりも今ごろが最も眺めやすい。

秋晴れの昼のあとなので、カシオペヤからペルセウスへと流れている天の川も相当に鮮かで、Wに近い二重星団も二つかみの砂金のように見える。光が来るのに八千二百年かかるというが、これを、この神話の王子がふり上げている長剣のつばと見た古代人の空想には感心するし、南欧の空の澄明なことも思われる。

王子の横腹に青く輝く主星のところにも、細かい星が群がってちらちら光っているのが、今夜はよく見える。それから右のアルゴール変光星は極大の光度らしい。けれど何と言っても眼を驚かすのは、主星とも七つ八つの星が、飛び飛びにつづいて描いている長いカーヴである。

これは、天の川の銀のマントをひるがえして跳躍する王子の左足の線に当るが、実に美しいなだらかな曲線で、四季を通じても、夏の蝎座に次ぐものである。

そして蝎座の場合は、右から左下へと引くカーヴだが、ペルセウスでは左から右下へと引きおろす線である。これは美の法則では最も美しい曲線で、従って眼は強《し》いられなくても快くそれを伝わって行く。

画家が三日月を無意識に有明月《ありあけ》（1）に描いてしまうのも、後者がこのカーヴであるためだろう。それに、このなだらかな線をさらに生かしているのは、王子が後足を曲げてぐいと上へ蹴《け》っている線である。私は、古代人がこの星座に人の姿を空想したのも、初めこの二つの曲線を足の活動と見たからだと考える。

こんなことを思いながら、優麗なカーヴを眼で撫《な》でている中《うち》に、その足の爪先《つまさき》近く、青白い星のかたまりを見つけた。すばるだった。初冬の息はもう空にかかっているのだ。

（一九四五年 六〇歳）

冬の星空

冬ざれの太陽は射手座から山羊《やぎ》座へと南の空を低く動いて行く。それには藪蔭《やぶかげ》の霜柱《しもばしら》や田の隈《くま》の氷を解かすほどの光さえない。花は僅かに淋しい水仙と、素朴な福寿草と、室咲《むろざき》の梅とを数えるに過ぎない。黄昏は慌《あわただ》しく来る。人は厚い外套《がいとう》の襟《えり》を立てて、俯目《ふしめ》になってその家々に急ぐ。何かの折に目が、風に震える電線の間に、または枯木立の梢にぎらつく星を映す事があっても、それは更に首を縮めさす用にしか立たない。目はすぐ凍《い》てた大地に、紙屑《かみくず》の舞う舗道の面にもどって、早足に靴が運ばれて行く。

しかし、星に親しむ者には、こういう冬の夜がどんなに楽しいか知れない。地上の花の凋落《ちょうらく》の候に、天上の花が、反って撩乱《りょうらん》と開く事実には、何か偶然と言い切れる以上の微妙なものがある。「星が降るようだ。あしたの朝は霜が強かろう」こう言って忙しく雨戸を繰る声を聞く時ほど、冬の星の凄じいばかりの美しさを思うことはない。私などはこんな晩、きっと凍った庭に出ている。

こうして北半球の冬の魅惑《みわく》はまったく夜の星空にある。下界がプロメトイスのように「冬」の鉄鎖《てつさ》に縛《しば》られている間に、星は寧《むし》ろ放縦と思われるほどにその豪華に傲《おご》っている。「雲なき夜にオリオンが空高くきらめくを見ざる者は、よし全天の隈々《くまぐま》に目を投ぐるとも、それにまさる美観を漁《あさ》り得ざるべし」と歌った詩人があるが、そのオリオン座を初め、馭者《ぎよしや》・牡牛・双子・大犬・小犬・アルゴ等、星座の偉大なものが空の大半を占めて、人間の窺《うかが》い得ぬ天上の会議を空想させる。殊に新雪の降りしいた夜、野末に真黒な杉林がジグザグと連なっている処などで、そこの空一面に、夥《おびただ》しい星々がプリズム光を放っているのを仰ぐと、暫くは人間界の興味を忘れてしまうほどである。

星を知らない人達が、天文学の入門は夏の夕涼みか、少くも銀河の冴える秋の夜であろうと想うのは無理もないが、実は冬のことである。そして、オリオン座付近から教えられた星の美と神秘とは、生涯を通じ冬毎に味《あじわ》わずにはいられぬものとなり、冬が徒《いたず》らに熱い飲料と燃えさかる炉の火とを恋い、或《あるい》は一途《いちず》に春の訪れを待ち侘《わ》びて過すべき季節でないことを、しみじみ覚《おぼゆ》るようになるに相違ない。

（一九二五年 四〇歳）

ヒヤデス星団

ヒヤデス星団は、牡牛座の牛の顔にあたっているが、これにちなんで、ここに群がる星の美を、金の角で突き破った宝石の袋のようだと形容した人がある。また、詩の鑑賞力を試すには、ミルトンの『リシダス』[1]を読めと言うが、大自然の傑作を味わう力があるかどうかはヒヤデス星団を見るに限ると言った人もある。

このためには少くも両眼鏡がほしいが、肉眼でも六つ七つの星が群がって細心に＞の形を造っているのが、次いで昇るオリオンの雄麗と比べて、繊麗《せんれい》である。また、すぐ上に十度を隔《へだ》てて、プレヤーデス星団（すばる）が、さらに小さく群がっていて、その対照で、互いの美を強調している。

この＞形の下端に一等星アルデバラーンが美しい紅ばら色に輝いて、牛の顔では眼《め》となっている。ヒヤデスの美観に欠けてはならぬことだが、この星は実はこの星団には属していない。星団の距離は約百二十光年だが、アルデバラーンは五十三光年に過ぎぬからである。このことは、オリオンにおけるベテルギュース(2)の関係を思わせる。

そしてオリオン星群と同じように、アルデバラーンを除いた約七十の星は、一つの進行星群を成して、同一の方向――オリオンのベテルギュースのやや東を指して走っている。漢訳の仏典では、この>形を「飛雁《ひがん》の如し」と東洋的に形容しているが、この星群の動きも、天文学者によりしばしば飛雁にたとえられている。しかも、その速度は毎秒四十二キロ半で、その結果、六千五百万年の後には、この星団は視界から消えてしまうという。途方もない話である。

アルデバラーンの直径は太陽の約三十五倍、そして太陽と同じタイプの星だが、ずっと老年だという。私は初めこの星の色をオールド・ローズと覚えたが、これはこの事実にも通じている。

ヒヤデス星団の美は、ここまでの知識をもって眺めて、真に鑑賞できると思う。

(一九四五年 六〇歳)

「こんばんは」

もうすばるが上がっているころと思って、庭へ下りてみた。果して、葉をふるい落した桜並木の上に、青白くかたまっていたが、ぼうっとしていて、六《む》つら星にはなっていない。その下のつりがね星の＞字形も、アルデバラーンが一つ、紅を点じているだけだ。天頂を見上げると、「天馬の大方形」もうるんでいるので、これは露気のせいだと思われた。下駄も草の露で、とうに濡れていた。そのうちに、ふと、

露散るや提灯《ちょうちん》の字のこんばんは

という川端茅舎《ぼうしゃ》(1)氏の句が浮んで来た。露を詠んだのでは大好きな句である。田舎道の草むらや藪にびっしりと露がおりている。すれちがった提灯に「こんばんは」という字が読まれて、その提灯も露をわけて来たので、濡れているに違いない。

提灯に「こんばんは」と書いてあるので、その主が「おばんで」と言わずに通り過ぎても、無言のあいさつはしているわけで、この字を考えだした人がゆかしくも思われてくる。

いつか、江戸時代の長丸《ながまる》ぶら提灯というものに、「こんばんは」と書いてあるのを見かけたことがあるので、起原は古いらしいが、こんなことに凝《こ》るくせで、あちこちの友人に、この提灯を見かけたことがあるかと問い合わせてみた。

一人は、小説『大菩薩峠《だいぼさつとうげ》』(2)の石井鶴三《つるぞう》(3)さんの挿画で、高尾山のところに、この提灯をさげている女が描いてあると言って来た。もう一人は、甲州街道の与瀬《よせ》(4)の宿場で、馬子がその提灯をぶらさげて行くのを見た記憶があると言って来たし、同じく谷村《やむら》(5)の友人は、「今でも手に入るから、いずれ送ってあげましょう」と言って来た。小田原提灯だろう。

ところで私は、地唄《じうた》舞いの有名な女性から、なめらかな大阪弁で「こんばんは」とあいさつされてから、このアクセントの快さが忘られない。茅舎氏の句の「こんばんは」も、時にその節《ふし》で読んでみると、何か淀川堤《よどがわづつみ》あたりの露の夜を行くような気がして楽しい。

(一九四五年 六〇歳)

声なき聖歌隊

ヘッセは『夜の感情』という詩で、雲の裂け目から現われた月と星座が、見る見る輝きを増すのを、夜が、青ざめ煙る星の世界でハープを弾いているためだと言っている。星々はそのハープに合わせて歌っているのだろう。

星の静かなきらめきには、いわゆる「ささやき」を思うが、それが忙しくなるほど、声が聞えそうな感じもしてくる。そして、青い星、黄いろい星、赤い星、その中間色の星は、それぞれ音色も、オクターブも異なっているし、同じ星でも気流につれてきらめきが早くなり遅くなって、ピッチが高まり低まりしているように感じられる。

これを最も思わせるのは、このごろのオリオンの星々である。一等星から五等星まで約四十、微光星をも加えれば約百三十というおびただしい数で、ほとんど青白い星だが、その光度に応じてきらめきを競っている。そして、代表的な星々が三つ星を中軸として整然たる配列をなしているのは、何か天上の聖歌隊を想わせる。

けれど、これは声なき聖歌隊である。そして木枯しの吹きすさぶ頃の夜ふけに、激しくきらめくのはもちろん、このごろの霜に凍てた、または雪晴れの黒々とした空で静かにきらめいていて、しかも寂《じゃく》として音一つ聞えないのは、見上げていて何か凄《すご》くなってくる。そして、この声なきコーラスは、天の深い深い奥の、人間の窺い得ぬものを、直接に私たちの心に伝えているように思われてくる。

これを科学的に言えば、無数の星々を統一している宇宙の大法則であろう。アインシュタインはその前に白髪《しらが》の頭をたれた。けれど、目のあたり星空を仰いでは、どうもそれでは満足されない。といっても、不信心な私のこと、何か神秘な超自然の存在を感じるという以上には出られないのだが。

（一九四五年　六〇歳）

ベツレヘムの星

クリスマスも、七夕祭と同じように商品祭となった。苦《にが》にがしいと思うのだが、信者でもない私の茶の間にも、子供たちが蜜柑《みかん》箱に小さいクリスマス・トゥリーを立てて飾り、私たちのプレゼントを待っている。いつとなくお年玉をダブラせる家庭行事になってしまったが、子供にはかなわない。

夜、煙草を買いに出ると、裸《はだ》か並木の空にすばるが、尾のないほうき星のように、青白く煙っていて、三つ星は屋根と屋根との間に立っていた。いくらか靄《もや》が出ているのが、街灯の光でも、自分の吐く息でも判る。歩いて行く方角には、北極星がいつもの高さにぽつんと一つ光っていて、その上に天頂に近くカシオペヤがMの両脚を踏んばっている。眼に見えない屋根棟にまたがって、北極星を見下ろしている人間でもいるようだと思った。

それを見上げながら行くうちに、今夜はクリスマスだったと思い返した。というのは、Mの中央の星の真下に見える四等星のすぐ近くに、昔「ベツレヘムの星」と推定された星が、こうこうと輝いていたことがあるからだ。

これは、一五七二年の十一月に出現した新星で、当時「巡礼《じゅんれい》の星」と呼ばれたが、今も伝わっているのは、最後まで観測したデンマークの天文学者の名による「ティコの星」(1)である。彼がこれを白昼の空に見出だした時には最大光度の金星に迫《せま》っていたが、やがて白から黄に、次いで赤に変り、終りに再び白に復《ふく》したまま光を弱めて消えてしまった。そして、後に一六〇〇年、ケプラーはこれをクリスト生誕を予言したベツレヘムの星であったろうと推論した。けれど、それでは、東方の三博士の後ろに輝いていることになるので、承認されずに終った。

この新星は消えたが、無くなってしまったわけではない。恐らくそれが最大光度に達した時の十六億分の一に落ちているだろうという。そう思って私は見えざるその星の位置を眺めた。そして煙草を買うと、三博士のように背中をそれに向けて、子供たちの笑いさざめいている茶の間にもどった。

(一九四五年 六〇歳)

除夜

温かい大晦日《おおみそか》の夜。茶の間と台所には電灯がかんかん明るく、いろいろの煮物の白い湯気と、うまそうな香がこもって、家人は忙しく動いている。例年の通り徹夜する気だろう。箸袋《はしぶくろ》に家族の名を書くだけの私の役も、娘がやってくれたので、除夜の鐘が鳴り出したら起してくれと言って、床にもぐりこんだ。

年を一つ重ねることにも何の感興もない。まず、今年起った肉親の幸、不幸、書いた本、年をまたぐ本のことなど。それから、先立った友人たちの顔や声を思い出している中に、いつか眠りに落ちた。

声をかけられて起きると、ラジオからもう除夜の鐘が鳴っていた。筑紫《ちくし》観音寺(1)の鐘で、粉雪が舞っているという。参道の石畳《いしだたみ》に鳴る下駄の音が寒ざむと聞えている。

やがて京都に移ると、「星が凍りつくようです」という霜夜の空で、寺々の鐘の音が遠く近く相呼応していた。やはり、黒谷《くろだに》の真如堂《しんにょどう》(2)、花園《はなぞの》の妙心寺《みょうしんじ》(3)の鐘が、寺の名の情趣をも伴って、しみじみと聞かれた。

近くでも撞《つ》いていますと言われて、ラジオを離れると、なるほど、おんもりとした音が聞える。九品仏《くほんぶつ》(4)らしい。そこで思いたって襟巻《えりまき》をつけ、除夜の星を見に庭に下りた。周囲の木立は暗いが、東京は、一面の空明りで、その方向でも鐘が二とこ、三とこで鳴っている。

すゝばるはもう西南の天頂に遠ざかり、シリウスがほぼ南中して、オリオンはその西北で、三つ星も横一文字に近い。東南の高みでは木星がこうこうと輝いている。とりどりの寒いきらめきを見わたしていると、さすがに逝《ゆ》く年の星だと感じられる。

星はそれぞれの速度で、それぞれの方向に動いている。私たちの地球も太陽に伴って、この一年の間に織女の方向へ六億キロ以上も近づいている。しかも、この除夜にこうして仰いで見ても、また何十年前の除夜にも、更に孫たちが私の年に達した除夜に仰いで見ても、すゝばるは、オリオンは、シリウスは、全天の星は今夜私が見ているのと寸分も変りのない景観を見せているだろう。
これが大自然というものの姿だ。こう思って私は、もう元日となった暖かい部屋へ引き返した。

（一九四五年 六〇歳）

山市初買

ある年の元日の夜遅く、甲府の妻の実家についた。こたつを囲んで話しているうちに十二時が鳴り、妻の母の供をして土地の初買を見に出かけた。

ここも東京と同じ雪の後だったが、山国の深夜の寒さは刺すようで、凍りついた道に私の手の提灯の明りが黄いろく映っていった。暗い町筋に竹が揺れ、しめ飾りの紙が白くひらひらするのが、わずかに正月を思わせたが、そのうちあちこちの横町からさえた下駄の音が聞え、提灯の光が現われて、同じ方向へ行く人影がちらほら増してくると、ようやく初買というものの気分になってきた。

月はあったが、もう遅い欠けた月で、東南の富士の左に低く昇り、雪の半面をにぶい銀いろに浮き上がらせ、暗い半面は星空ににじませていた。こういう夜富士も、さえた夜空も、すっかり忘れていたもので、星の数のおびただしさは、つい息を呑《の》んだほどだった。黒い底光りする円天井は見わたす限りの星で、一つ一つがピッケルに飛び散る大小の氷のかけらのように、鋭く冷たくきらめいていた。

その中心は、南中を過ぎたオリオンだが、それさえ細かい星々に喰い入られて東京で見る印象とは異なっていた。その左から大犬、アルゴーへと流れる天の川もここでは驚くばかりあざやかで、その輝面を横ぎる一角獣《いっかくじゅう》の形も見わけがついた。大星雲の燃やすあやしい燐火《りんか》はもちろん、シリウスの右下の星団もすぐと眼に入るし、何よりもシリウスが虹の七いろにあえいでいる姿が凄いようだった。

すばるはと見れば、もう西南の天頂に近く、眼に見えぬ手が揉《も》んでいる水晶の数珠《じゅず》のようにきらめいていた。その下に白くもうろうと連なる地蔵鳳凰《ほうおう》(1)の雪嶺《せつれい》は、東からの月ばかりでなく、雪に冴えた空いちめんの星の光にも浮き出ているらしい。この真夜中の街を覗きこむ巨大な白魔のように見えた。

高張《たかはり》を軒《のき》に立てたままで閉めきった、そここの老舗《しにせ》の前には、提灯と人影とがひしめいていた。やがて店々の大戸が開くと、町はたちまち大晦日の夜のような明るさとにぎわいとに変った。私も母についてまず呉服《ごふく》屋に入り、恵比須《えびす》袋を買うのを待っていたが、かじかんだ手を寄せた真鍮《しんちゅう》のしかみ火鉢が熱かったことを覚えている。

（一九四五年 六〇歳）

冬の大曲線

晴れてはいても一日じゅう寒い風が吹き、部屋で眼鏡をかけ直すと、つるが耳に冷たかった。戦後の今には珍しく大凧があがっているらしく、うす暗くなってもまだうなりが聞えていた。

私はすばるに羽子板《はごいた》星という名があるのに対し、オリオンを松の内だけでも、奴《やっこ》だこと呼んでみたいと思っている。三つ星が斜めになっている間の姿は、大きな奴だこと見えないことはないからだ。そして、羽子板にプレヤーデスの七乙女を描き、奴だこに天の猟夫《りょうふ》オリオンを描いてみたら面白いだろうと空想したこともある。

夜、煙草を買いに出た。まだヒューヒュー風が吹いていて、星のきらめきはすっかり深冬である。東南に高いオリオン、それにつづくシリウスのどぎつい光は正に荒星《あらぼし》という他はない。黒く凍てた空の壁がぴりぴり震えているようだ。

けれど私の目はすぐ、東の木星の大きな光に引きつけられた。相変らず双子座にいるのだが、左かしぎに四度半の間隔で並んでいるカストールとポルックスの直線と一文字になっていて、それを真下にのばすと、小犬の一等星プロキオーンにとどき、さらに自然とゆるいカーブを描いて、淡い銀河を越え、シリウスにとどく。この曲線の雄大なのには思わず眼を見はった。そして、すぐ思ったのは、秋のここの空でペルセウスの左足が描く美しい曲線を再現していることだった。

木星がここにはさまらなかったら、双子の星とプロキオーンを結びつける考えなどは起らない。木星がわざと意識してここに位置したような印象でもある。それに、この一等星や二等星が、競って忙しくきらめいている間で、木星だけが小憎らしいほど落ちつきはらって、時々軽く金じきにまたたいている対照が目だって面白い。

そうだった。カストール・ポルックスの双子は、木星のゼウス(1)が白鳥に化けて、王妃レーダに生ませたものだった。それで横目づかいに見上げているのだ。そう空想して、私は空っ風の中で微笑した。

（一九四五年　六〇歳）

節分

もう幼い孫たちが年男になるようになった。原稿を書いている書斎へもやってきたので、両方の人さし指を角にしておどかすと、歓声をあげてバラバラ豆をぶつけて行った。

ラジオで市内の豆まきを放送しており、ふと月に輪がかかっていると聞えたので、煙草を買いながらそれを見ようと思った。出てみると、なるほど、ほぼ天頂に近い月に輪はかかっていたが、もう消えるばかりに淡《あわ》かった。月齢は十日ごろで、ほの暗い東南の双子のキンボシ、ギンボシの下に、相変らず木星が輝いている。

雨上がりのなま温かい晩で、遠くでも豆まきの声が聞えた。もどって来て、すぐに家には入らずに、月明りの庭で煙草を吸いながら、しばらく星空を眺めてみた。月のすぐ左まで双子座の二列の足がとどき、ま下でオリオンがほとんど南中していた。さすが今夜は星雲までは見えていない。

あす立春と思うと、何か胸がふくらむような気もする。しかし梅の咲くまではまだ一月《ひとつき》も待たなければなるまいと思いながら、東南の隅のその老木を見ているうち、ふと二十数年も前の節分の晩、そこの暗い下陰から、十二、三歳だった長女がセルロイドの鬼の面をかぶって、幼い弟妹が縁で豆をまいているところへ、「鬼だぞゥ!」といって現われたことを思い出した。

その時、私もぎょっとしたのでひどく叱《しか》りつけ、娘は面を取ってしおれていた。それから三、四年してこの娘は亡くなったのだが、今暗がりを見つめていると、小さい娘が何だか、そこに立っているような気がした。そして、亡くなったのは、そこへ隠れたので、節分の夜には出てくるのかも知れないと、いつの間にか空想している自分に心づいて、驚いた。

（一九四五年 六〇歳）

星曼荼羅《ほしまんだら》

朝のラジオは「春雨が降っています」と言っていた。まだ三月の声も聞かないのに気の早いことをと笑ったが、午後雨が上がり、青空が出ると、うっすりと光沢を帯びていて、早春の底つめたさはなかった。

日が暮れるにつれ、星がばらばら現れた。急いで襟巻を巻きつけ、暗いぬかるみ道を払い払い、近くの畑地へ出かけてみると、思った通り、久しぶりの星の夜になって来た。

スバルは西南の天頂で青白く団《かた》まっている。オリオンは南の中空にいすわって、雄大な長方形の中心でミツボシがやや傾いてきらめき合い、星雲のにじみも見える。その左下にはシリウスが超一等の強烈な光にあえいでいる。そしてこれらを取り巻く一等・二等級の星たちが、いわば一国一城の主《あるじ》らしく光を競っている。

ふと、「星曼荼羅」という言葉が浮んできた。この名では誰でも法隆寺のけんらんな大幅を思いだすが、目前のものは天頂から地平まで、いっぱいに垂れた文字通りの曼荼羅だった。

ここで私の空想はふくらんだ。法隆寺の大幅では、中央に一字金輪《いちじきんりん》仏(1)が截金《きりがね》の沈んだ光で輝いているが、ここで中心のオリオン座にすえる仏は何だろうか。すると、孔雀明王菩薩《くじやくみようおうぼさつ》(2)の姿が目に浮んだ。孔雀の背に乗っている一面多臂《たひ》の菩薩だが、顔は美しい慈悲《じひ》相で、何よりも背後いっぱいに拡《ひろ》げている孔雀の尾羽のエメラルド光の〝目〟の一つ一つが、この満天の星の光と見られるだろう。

こう空想しながら、空を見わたしている中に、いつぞや見たダリの画の「百眼のアルゴス」(3)を思い出した。この怪人が殺されると、女神ヘーラは百眼を取って、愛鳥の孔雀の羽を飾《かざ》ったという。ダリの孔雀もさんらんたる尾羽を張っていた。そして神話学者は、アルゴスの百眼を全天の星を象徴するものと解釈している。

すると私の孔雀明王曼荼羅も、そう無理な空想ではないらしいと満足したが、うそ寒くなって来たので、再びぬかるみ道を戻って行った。

（一九四五年 六〇歳）

第三部

星は周《めぐ》る

星は夜と共に周り、年と共に周る。恐らく、星に親しんでいる人達ほど季節の推移をはっきりと実感し得る者はあるまい。十月の或《あ》る夜、プレヤデス星団が地平の濛気《もうき》に抹《ぼか》されながらペルセウス座のはずれに懸《かか》っているのを発見すると、「ああ、もう一年が廻《めぐ》った！」と呟《つぶや》く。但《ただ》しこの呟きは、年の暮れる、灰色の冬の来る淋《さび》しさを想うよりは、やがてオリオンが五月以来の雄麗《ゆうれい》な姿を現し、シリウスが紅色の光の矢を射る壮観を待つ喜びから洩《も》らされる方が多い。

しかし私は、三つ星やシリウスを、それを自然に望み得る初冬まで待った事はない。彼岸も過ぎて読書や原稿に思わず夜を更《ふ》かした時、又《また》は夜半に目が覚めて庭に雨のような虫の声を聴く時など、意識はすぐ星の傾いた空に向いている。「もう来ている時分だ」と思う。――オリオンがである。そして、そっと雨戸を開けて夜露《よつゆ》に濡《ぬ》れた庭に下りる。しかし、せっかちには東の空を見ない。先《ま》ず南の星を見てからそろそろと頭を廻して行く。そして、「そら、いた！」と叫んで、久し振りの彼等を見渡す。こんな時のオリオンほど美しく目覚《めざま》しく見える事はない。それに、誰も知るまいとこっそり出ていた者を見てやったような愉快《ゆかい》さも胸をはずませる。

ここで私はオリオンの思い出を語りたい。それには初めて彼等を知った中学生の時から始めなければならない。

その時私は秋の修学旅行に引き込んだ風邪《かぜ》をこじらせて、横浜の或る病院に寝ていた。十二月も近い晩で、戸外には木枯《こがらし》が古い建物の硝子《ガラス》戸をびりびり鳴らして吹いていた。二階にはどこにも人のけはいがなかった。置いてきぼりになったような心細い気持で、床の上に起き直って、見るともなくカーテンの隙《すき》の真黒な空にきらめいている星を見ていると、その中に、縦に並んでいる三つの星が目に入って来た。

私は枕許《まくらもと》にある学校のノートの間に、友人のKが描いてくれた星図を永《なが》いこと何の興味もなく挟《はさ》んで置いたのを思い出した。ただそれに三つ星附近《ふきん》の星が描いてある事だけは覚えていたので、それと見比べてみる気になった。すると、三つ星を中心に、ベテルゲウズ、リゲル、ベラトリックス、それに星雲もすぐ発見された。ベテルゲウズ、小犬座のプロキオン、大犬座のシリウスが作る大きな三角形も太いペンで描いてあった。私はその雄大な三角形と、特にシリウスの爛々《らんらん》たる光にひどく驚かされた。Kが添え書きして置いた「天狼星《てんろう》」の物々しい名が、いかにもそれに相応しているように思われた。牡牛《おうし》座のアルデバラーンとプレヤデス（すばる）へは、ベラトリックスから真直《まっす》ぐ線が引いてあったし、馭者《ぎょしゃ》座のカペルラは五辺形の一角に示してあったが、これらの星を知ったのはその翌晩で、双子《ふたご》座のカストールとポルックスとは更に後の晩であったように思う。

とにかく、こうしてこの晩を封切りとして私はオリオンとその附近の星座を知った。目は一生を通じて夜の空に引きつけられるようになった。この喜びを植えつけてくれたKは陸軍中尉《ちゅうい》まで行って早く亡くなったが、しかし星と共に私には忘れられない友人である。Kはどういう縁から星を知るようになったか聞いたことはなかった。恐らくその家が書肆《しょし》であり、Kが熱心な読書家であり、文学少年であった為に相違ない。

それから私はKと共に熱心な少年天文家になった。Kが持っていた文部省蔵版の古い天文学の附図は何よりの力になった。幾度《いくたび》私は夜の庭に立って、ちらつく蠟燭《ろうそく》の光に覚束《おぼつか》ない星図の点々を空に発見しようとしたろう。乏しい本の中には、博文館の「星学」があった。それから某氏の「大天文学」（？）の口絵で、黄道光の妖《あや》しい三色版図を見た時の驚きを今も思い出すことが出来る。黄道十二宮の名なぞも意味ははっきり呑《の》み込めなかったが、Kがその順序を覚える詩を書いて送ってくれた絵葉書は、今もアルバムですっかりインキが褪《さ》めている。

更に純であった少年の空想は、小笠原島まで行くと南極光が見えるというKの話に誘われて、翌年の夏船の切符を買うところまで進んだが、月一回の航海で、体暇中には戻れないことが分って、初めて諦《あきら》めてしまった。小笠原のどの島まで行ったらいいのか、季節がいつで、第一それが信じていいことかどうかも確かだったのではない。実に他愛《たあい》のない話だった。しかし、その頃空想に描いた、黒い熔岩《ようがん》の岬が抱いている青い海、その中に浮く大きな海亀、赤い魚、夜は天の一方に演じられる魔術の光画は、今でも胸の底から呼び出すことが出来る。

こんな風で、私は星の夢をも絶えず見た。或る夢では、雲までとどく二本の大木の根がたに、緑衣《りょくい》と紅衣《こうい》の童子《どうじ》が立っていた。両人《ふたり》がするするとせり上ると見ると、いつか姿が消えて、大きな青い星と赤い星とが木の梢《こずえ》に輝いていた。風邪で熱の高かった夜の夢では、東の海から昇る大きな星を見る為に広い野原を歩いていた。そして野の果《はて》の川を渡って、真黒な崖《がけ》の上に坐《すわ》って、ヴェーガに似た紫の星の昇るのを見ると共に——夢によくあるように——崖の上からふわふわと下へ落ちて行った。そして落ちながら見上げると、頭の真上にその星が爛々と輝いていた。また海中の大岩に寝て、南十字星を見た夢もあった。後に聞いたことでは、色彩の濃い夢は男に少いという話だが、少くも私の夢の中では、今でも夕空が真紅《まっか》に焼け、中天から東の空に星が無数に光っている夢は珍しくない。夜の夢を見れば、きっと星が輝いている。こうして一《ひ》と頃《ころ》は夢が楽しくてならなかったのも事実である。

私が星に親しんだに就いては、Ｋと共に一級下にいた友人のＡを忘れることは出来ない。Ａも病院長で亡くなったが、Ｋと違って、或るアマチュアの天文家から感化されたらしい。そして、生れつきの器用さでボール紙の大きな望遠鏡を作った。手頃の小さいのも作った。私はこれを幾度も借りて来ては、乙女椿《おとめつばき》の咲いている板塀や器械体操の鉄棒に寄せかけて、首の痛くなるまで空を覗《のぞ》いていた。

中学を出て早稲田へ入ると、私はギリシャ神話の研究から、それと星座との関係を調べて、新しい興味が湧《わ》いて来た。その当座はこれは自分ひとりの知識であるような気がしていた。しかし或る雑誌に、後の山岳会長の故木暮理太郎《こぐれりたろう》(1)氏が神話と星座のことを書いたり、次いで一戸《いちのへ》博士(2)の「星」にも多数の神話が現れた。それと一方に、星のおもな興味は神話やそれに因《ちな》む星座の形にあるのでなく、星の色・瞬き・推移、また偶然の配置と思われないシンメトリーの美にある事などが年と共に判《わか》って来た。

Kが初めに描いてくれたオリオン座とその附近とは、永久に魅惑《みわく》の中心となった、——星を知っている全《すべ》ての人がそうであるように。あの図は幾度ノートへ、教科書のブランクへ、或《あるい》は友人への手紙へ、後には黒板に描かれたか知れない。遂《つい》には三つ星とシリウスとはいつか自分の所有物であるという気になってしまった。今も星を想い、星を見るたんびに、季節に関わらず三つ星とシリウスの姿が頭の中にきらめくのだ。

早稲田を出て甲府へ行っていた頃は、中学の物理室の望遠鏡が殆《ほとん》ど私の為にばかり役立っていた。夏は月見草の咲く校庭に、殆ど三日にあげずその望遠鏡の三脚が据えられた。本州で私達がハレー彗星をまっ先に見たことが新聞に出たのも、その望遠鏡の為だった。そして、あれが逃げて行く姿をも永い間見送っていた。さもなくとも山国の清澄な大気は、初冬のプレヤデスを昇る早々から峰の松の梢に鮮《あざや》かに懸《か》けていた。

その頃甲斐《かい》ケ根の名のある白峰《しらね》連山は、私の親しい山となった。二度まで登って、一度は危く死ぬところだった。その四季の雲はいつもノートの中心を占めていた。五月の初めに三つ星がその山つづきに横になって沈《しず》むのを見ると、淡《あわ》い妬《ねた》ましさを感じたのを覚えている。ああいう若々しさはもう遠い遠い夢である。

東京へ戻った当時は、雲の美しさと星の鮮かさを見られないのが何より物足りなかった。それだけに昼過ぎに雨の上った時などは夜の来るのが待たれた。自分が預っていた雑誌には「肉眼星の会」というのを二ケ年続けて試みて、課題で若い読者から沢山のスケッチの来るのを喜んだ。その人たちの中から天文台へも、民間へも、すぐれた学者を幾人か送ったことを、私は星に感謝している。

帝劇に二年続けて旅廻りのバンドマン一座が来たことがあった。二度目の時である。カーテンが上って、華やかな舞台にずらりと並んだ二十何人の女優や男優が一せいに歌い出したのを見て行くと、前の年に見た覚えのある顔がどれも揃《そろ》っていた。それが何ということもなく満足だった。ところがその秋に、オリオンの星々が毎年のように一糸乱れぬ体系で東から上るのを見た時、私はすぐバンドマン一座が舞台に列《なら》んだ時の印象を想い出した。そして次のような詩を雑誌にいたずら書きした。

オリオン――旅廻りのオペラ団　年に一度来るバンドマン。
銀の葡萄《ぶどう》と金瞳《きんめ》の牛、　その刺繡《ぬい》の紫のカーテンが
静かに揚がると――ブラアヴォー(3)　真赤なベテルゲウズはテノル(4)、
白いリゲルはソプラアノ(5)、　ベラトリックスはメッツオ・テノル(6)。
三人の花形《スター》はコントラルトオ(7)。　ずらり並んで「グッド・イーヴニング！」
だが、見えないな、バス(8)の主役が　どこに？――あゝ、あんな後ろに
顔がてらてら銀光りのシリウス。　頭取りのプロキオンも去年の通り。

いよいよ始まる、光のグランド・オペラ、　いらはい[9]、いらはい、お代はただ《オウプン・フリー》ぢや。

むろん、これは机の上での戯作《げさく》である。私がオリオンとその周囲を仰《あお》いで感じるのは、もっと深い、もっと静かな、しかし、しだいに息のはずんで来るようなセンティメント[10]である。シリウスの光などを見つめていると、呼吸がその瞬きに一致しようとしているのを感じる。

その他にも三つ星やシリウスに就《つい》ての思い出は次々と続く。夜更けの冷たい縁側で氷嚢《ひょうのう》の氷を割りながら雨戸の隙にきらめく彼等を見て来て、もう助からない愛するもの[11]の耳に「空で一ばんきれいな星を覚えているかい?……ウン、出ているよ、オリオンも、カペルラも」と言って聞かせたこともあった。その墓の空に大きく懸るオリオンを眺めながら、郊外の家へ帰って行った夜々もあった。北アルプスの白馬岳《しろうまだけ》に登って、夏の暁天《ぎょうてん》に見たオリオンの姿も忘られない。更に大震災の冬に、襟巻《えりまき》の間から白い息を吹きながら夜警の拍子木《ひょうしぎ》を打って歩いた霜夜《しもよ》ほど、オリオンに親しんだことはなかった。カノープスにも初めて逢《あ》えた。

この後《のち》とも私は三つ星やシリウスに就て年々に新しい思い出を加えて行くことだろう。そして、三十年、四十年、自分はもとより全ての人が変り、世界が変り、金剛不壊《こんごうふえ》である筈《はず》の、たとえば忘られぬ甲斐ヶ根の山貌《さんぼう》も変ることがあるかも知れないが、今夜見るオリオンの星々は、その時も秋の末には、牡牛・馭者・大犬・小犬・双子の星々と一糸乱れぬ系統を作って東から静かにさし昇っているだろう。否、何も知らずに産声《うぶごえ》を挙げた夜にも、あの雄麗な宝玉の図は屋根の上の空に描かれていた。そして、やがて柩《ひつぎ》に釘《くぎ》の響く夜の空にも、あれそっくりの天図は燦爛《さんらん》と輝いている。そして更に墓の空には永く永く、何百年、何千年も年と共に周り周っている。これは間違いのない想像である。この想像から湧く悠久《ゆうきゅう》な喜びは、星を知る者のみが知っている。

三つ星よ、シリウスよ、讃《たた》えられてあれ！

（一九二五年 四〇歳）

登山と星

高い山の頂《いただき》で見る星が、驚くばかり鮮かであり、その数も夥《おびただ》しいことは登山家のよく知るところである。星を見馴《みな》れている者でも、ちょっと見当がつきかねるほど実にたくさん星が出ている。たとえば、友人から聞いた話だが、その友人は奥穂高《おくほたか》で、(1)北斗七星の桝《ます》の中の小さい星が数えられたというし、富士の裾野《すその》(2)へ演習に行った人の話では、夏の夜西に沈む北冠座の弧《こ》の口に細かな星が直角三角形をなしているのを見たという。こんな星は、下界では、特に都会の濁《にご》った空では見えないのが普通である。

こうして山上で空を見上げていると、李白の詩の「手を挙げて星辰《せいしん》を捫《な》づ(3)」という句が誇張でなく想い出される。人間の世界と断《き》りはなされて、ただ吾《われ》と星のみありという感じもする。悠久とか永遠とか、今の世に縁の遠い感じが胸の奥を掠《かす》めるのも、こんな時である。そして古代西アジアの羊飼《ひつじかい》が、夜をこめて曠野《こうや》の星を見ていたことに天文学の起源があったことなども、よく頷《うなず》けて来るだろう。

それなら高い山へ登ると、下で見るのとは全く違った星が見えるかというと、そうではない。細かい星は殖《ふ》える。下では雨後の晴れた晩でもなければ見えない糠星《ぬかぼし》が沢山見える。けれど、これ以外の星は、同じ季節に下界で見るのと全く同じである。光が強いだけの相違である。しかし、下界で見たのと同じ星を高い山の上で見る、——海辺で見ていた星、ネオンサインの銀座で見ていた星を、白馬(4)や赤石(5)の頂で、手を挙げれば捫でられそうに近々と見る。この事実に、山登りの楽しみの一つがあると僕は思う。自家《うち》では今夜も寝苦しくて縁に出て涼《すず》んでいるだろう。庭の植え込みの空にいつもの蝎座《さそり》の赤い星が光っている。その星を自分は今一万尺近い山の上で、こうして寒さに顫《ふる》えながら見ているのだ、という感じ方もあり得るのである。

僕にはこういう経験がある。まだ南アルプスがあまり注目されていなかった明治の末のことである。白峯の北岳に登って、その夜野呂《のろ》川の岸の広河原《ひろがわら》の樵夫《きこり》小屋に泊った。月のある晩で、僕は一人、石伝いに大カンバ谷の辺まで下りてみた。そこは谷が高い空で瓶《かめ》のように割れているが、それが月の光に背《そむ》いて無気味なほど黒い。そして思いもかけず、その上から、昼登った北岳が雪を朧銀《おぼろぎん》に光らせて、野呂川を覗きこんでいた。

　僕はしばらく谷川の大石に仰向けに寝て、その月に輝く岳を見上げながら、頭の下の瀬音《せおと》を聞いていたが、人里まで約十里もある山奥の寂しさが急に感じられて来て、岩から起き上った。その時にふと、谷の空に青白い星が一つ光っているのが目に入った。それは、織女《しょくじょ》——琴座のヴェーガだった。この瞬間に僕は「お前、そこに来ていたのか」と声をかけたいほどの懐《なつか》しさを感じた。いつも庭で見ている星が、この遠い南アルプスの谷まで、こっそり尾《つ》いて来ていたというような感じがしたのだ。こんな気持は、星に親しんでいないと、分らないだろうと思う。

　次に山登りは、朝が早いので他の季節の星をも見る機会が多い。天文学者によると、星を春の星、夏の星などと四季に分けるのは可笑《おか》しい。夏でも、暁方《あけがた》までにはほとんど一年中の星が見えるという人もあるが、これは理屈で、常識からは、人間の寝る時刻までの星をその季節の星と呼んでいいと思う。それで、冬の日の暮れに東天に昇る星は、夏なら暁方に昇るのだが、まず一般人の目に映ることは稀《まれ》である。それを山では自然に見るようになるのである。これも何でもないことだといえば、それまでだが、場所が場所だけに印象も極めてフレッシュである。

これも僕の経験だが、一夏《ひとなつ》越後方面から白馬へ登ったことがあった。蓮華《れんげ》温泉(6)へ泊った翌晩は、白馬の小屋に泊った。その朝、絶頂の日の出を見るので三時起きをして小屋から出た。有明《ありあけ》の月が、たしか不帰岳《かえらずだけ》(7)の方にあって、その光を宿して動いている雲や、雪の輝き、それと黎明《れいめい》近い空の反映とが、ほんとにこの世のものとは思えなかったが、僕はその東の雲の上にオリオン座の「みつぼし」が途方《とほう》もなく大きく現れているのを見て、思わず声をあげて、「オリオン！　オリオン！」と叫んだ。

これは都会にいても、見る気になれば見られる星座である。しかし、普通には、毎年五月の夕べに、西の空へ横ざまに沈むのを見送ってからは、秋も末の、虫の声がかれがれになった頃、ある晩、東の空からさし昇るのを見て、久しぶりの友人に出逢った懐しさで、つくづくと見とれる星座なのである。この時も、多少予期していなかったのではないが、とても予想以上に雄大に暁《あかつき》の雲を踏まえて現れていたので、すっかり胆《きも》を奪われたわけだった。

またある人は、富士へ登って、同じく暁方に、中国で南極老人と呼んでいるアルゴー座のカノープスを見たと、「山岳」に書いていた。これは毎年二月、紀元節(8)の前後に南の空に低くちらりと見えてすぐ沈んでしまう星で、特に関東地方では回《めぐ》り合う機会が少ない。それだけに、富士で夏の黎明にこれを見たということは、僕等を羨《うらや》ましがらせたのである。

次は、今のオリオンの場合でもそうだが、山の星が、冴《さ》えた大気の中で見せる地平拡大(horizon enlargement)の印象である。これは日の出、日の入りに見られると等しい理由で、同じ「みつぼし」でも、東に昇る時と西に沈む時では、ずっと長《た》けが大きく見える。また星座の多くはその星々を結ぶと、三角形、正方形、五辺形等々、偶然とは思われぬ幾何《きか》図形が出来る。これが地平上で、特に山のあるいはなだらかな、あるいは突兀《とっこつ》としたスカイラインの上では、大きく鮮かに描き出される。かつ、それらが西へ沈む時には、東から昇った時とは違って、横に寝たり、あるいは逆さになったりするので、まるで印象が異なって来る。僕は冬山で、スキー帰りの人たちが、雪の高原の果てから、拡大された全容でせり出して来るオリオン座に目を惹《ひ》かれたことがなかったら、スキーに付随している楽しみの一つをミスしているのだと公言したい。

大体こんな風で、山登りは星に親しむ機会が多いので、山の紀行にしばしば星のことが書いてあるのは自然である。僕はこの種の本をそう多く読んでいないが、たとえば冠松次郎《かんむりまつじろう》氏(9)の『黒部谿谷《けいこく》』の中には、十月の黒部谿谷で、白樺の繊々《ほそぼそ》とした樹立《こだち》の間から、オリオンのさし昇る描写があった。剣沢《つるぎさわ》で雪崩《なだれ》に襲われた一高の学生窪田《くぼた》氏(10)の日記にも、黒部で何万という星が輝いていたことが書いてあった。秩父宮殿下にお供して南アルプスに登った大島亮吉《りょうきち》氏(11)の紀行の中には、木星《ジュピター》が夕空に大きく輝いていたことが出ていた。

さらに僕の愛読する辻村伊助《つじむらいすけ》氏(12)の『スウィス日記』は、主として冬の紀行であるだけに、大犬座のシリウスがしばしば点出されていて、雪のアルプスに鋭い光を放つ巨星の印象が切《しき》りに想像される。

最後には槇有恒《まきゆうこう》氏(13)の『山行』がある。これは氏がアイガー(14)東山稜登攀《さんりょうとうはん》の記録《レコード》を作られた時の紀行が中心で、すばらしい名文であるが、あの中にも星の描写がある。第一日の夜、アイガーのジャンダルム(15)の下の棚《たな》のような処《ところ》で、ガイドと押し合って夜を過《す》すくだりで、一しきり吹雪《ふぶき》が晴れると星が沢山現れたと書いてある。それは出発したグリンデルワルド(16)の村落に向いた側で、そこで打ち上げている花火が見おろせた。それで、こちらの位置を知らせるために、北側の岩の間から山ランプを吊《つ》り下げたということである。すると、その時見えた星々は、カシオペヤ座のWなどが主であったに違いない。僕はいつもこの一幅の山岳名画の空に、Wの星を付け加えて想像を満足させている。

もう一つ『山行』には、立山のスキー遭難記事の中に、星の描写がある。それは槇氏と同行の板倉氏[17]が弥陀原《みだがはら》の雪中でいたましい最後を遂《と》げられた直後で、さっきまでの吹雪が俄《にわ》かに晴れて、たくさんの星が現れ出た。松尾峠の上に大きな星が一つ光っていた、とあるものである。同じく星を描いた文で、こんなに深刻な情景を描いたものは、後にも先にも稀であるに相違ない。誠に批評を絶するものだろう。

だが自分勝手な註文《ちゅうもん》を許していただければ、これらの紀行にも、もしその星なり星座なりの名が示してあったら、方角、時刻、あるいはその地の地形や山容《さんよう》までが、さらに読む者にアッピールするのではないだろうかと思うのである。海外における紀行でも、例えばフンボルト先生[18]の南米紀行の如《ごと》き、必要に応じて星の名にまで及んでいることが、どれほど的確な効果を与えているか知れない。願わくはアルピニストの紀行も、山行であると同時に、時には星行であって欲しい。これは独《ひと》り天文ファンのみからの註文ではないと思う。かつ登山家自身が星を知ることによって登山の楽しみを加え得ることは、恐らく予想以上だろう。

付記　これは昭和七年秋、日本山岳会から依頼されて赤坂三会堂の小集で試みた漫談の要領である。終って、冠松次郎氏は僕に、黒部谷で見たオリオンが後立《うしろ》山山脈から昇ったことや、北斗七星が山に沈んでしまった後の淋しさを語られ、松方三郎氏は、星図を山へ持って行って、星の多過ぎるのに惑《まど》ったことや、英国の登山家ヤングハズバンドが山地で見る星がまるで話しかけているような実感を与えることを書いていると、語られた。

（一九三四年　四九歳）

山の端の星

春陽会《しゅんようかい》(1)の若山為三《わかやまためぞう》(2)画伯の話である。——

或る年、南仏のニースで冬を越したが、三ケ月の間に曇ったのは一日だけ、後は毎日快晴で雲も南のアフリカ方面に低い雲の峯《みね》の立つのを稀に見たぐらいだった。海は謂《いわ》ゆる地中海藍である上に、天頂から水平線まで、国境山脈のスカイラインまで、或いは市街の甍《いらか》の上まで、ウルトラマリン一色で、日本の空のような調子の変化が少しもないため、描くのにも勝手がちがって困った。

伊太利《イタリー》の画家は、初め空を塗《ぬ》らずに置いて、前景や中景の人家とか森とかをすべてオークル・ジョン(3)の調子で描き、後景の山などをちょっとコバルトで描くぐらいで、最後に空を一めんにウルトラマリンで塗るのが普通である。それで夜の星もひどく近くて、それこそ、はたき落せそうに見える。フラ・アンジェリコが空をまっ青に塗って星を金に描いているのなども領ける。――

私はこのすばらしい話を聴きながら、学生の昔愛蔵していたアルマ・タ－デマ(4)の原色画集の大理石の露台に凭《もた》れる美女の群れ、その彼方に低いMediterranean blueの海、そしてそれを蔽《おお》う濃青の空の色をはっきりと眼に浮べていた。そして若山氏が南欧の海と空の色では、昔読んだ『即興詩人(5)』の中の叙景《じょけい》を思い出すと言われたのに、私もあの中のカプリの島の瑯玕洞《ろうかんどう》(6)を久しぶりで思い出した。

なるほど日本の湿潤《しつじゅん》な気象では濛気が多い。それだけに雲煙の変化にも富み、季節毎《ごと》の風物の美も際立つのだが、時には「雨過天青」の青磁のような一色で地平まで塗りつぶされた空を見たいと思うこともある。これが濛気に煙塵《えんじん》の混ざった都会で望めないのは言うまでもない。しかし、秋晴れの山国に行けば容易に見られるだろうとは誰しも考えることにちがいない。

まったく山国、――たとえば私の知っている甲州の秋晴れの空は、実に濃い深いコバルトで、野原の草に寝て一ところを眺めていると、そこがもやもやと黒ずんで来て、今にも昼間の星が見えるかと思われたり、いつの間にか自分のからだが青い虚空へ高く浮き上っているような錯覚をも感じた。空気の清澄さは、或る時四五里も先の岡の上にひらめいている村の青年団の旗らしい日の丸がはっきり認められたほどである。特に日暮れ近くの空の青さでは、読んでいる新聞や本の頁《ページ》がほんのりその色に染まることさえあった。また、夏ではあったが南の大カンバ谿《だに》で、雪渓に近く一もと咲いていた岩桔梗《いわぎきょう》が、深い空の色の効果で、万年雪の面《おもて》に紫いろの影を落していたことも覚えている。

尤《もっと》もこういう秋晴れの空にしても、若山画伯は、南欧の空のウルトラマリンに比べると深みがなく、むしろ緑に近いプルシャンブルーで、冷たい感じがすると言われた。

ところで、私は或る年の秋、科学列車(7)の天文講師として久しぶりで入峡した。玉のような無風快晴の日だったので、今日こそコバルト一色に塗りつぶされた山国の空を観察して来ようと、甲府盆地へ出るなり車窓から四囲の山々を眺めてみたのだが、その青い色は山の端まで来ると一様に白濁《はくだく》してスカイラインを縁《ふち》どっているのに、ちょっと失望した。初めは空の青と秋山の染め出した茶褐色《ちゃかっしょく》との対照から来る錯覚《さっかく》かとも思った。しかし、程度の差こそあれ、これも濛気がよどんでいるために他ならなかった。

こうして山国まで出かけても理想的な雨過天青は諦めなければならない。むしろ進んで、この国の風土本来の濛気が演ずる変化を楽しむべきだろう。そう考えてみると、私の山国のノートにも、濛気なくしては観《み》られない自然美の記録が幾《いく》つか残っていた。

その例の一つは、これから冬に入って見られる白峯《しらね》三山のモルゲン・ロート(8)である。もちろん満山を塗った雪が主役であるには相違ないが、濛気のニュアンスが手伝ってその美観を複雑にしていることは争えなかった。その写生の大意を引いてみる。——

山が夜の暗い色から漸《ようや》く眼ざめ、薔薇《ばら》いろがほのかに山ぎわの空から山にかけて潮《さ》し始める頃は、まだ一向に見栄えがしない。空はむしろうす汚れているようにさえ見える。少したつと山は全然サブスタンシャル(9)な感じを失い、空とまっ平らに連なって、いわば寄木細工《よせぎざいく》の山と空のように見える何分かがある。

しかし更に明けて来ると、山は完全に再び自分を取り返す。まずスカイラインが空から離れて、そのジグザグが切り抜いた金属板の薄い縁のように光り、しかもはっきりと、ちりちり震《ふる》えているように見える。

やがて遂にモルゲン・ロートの時が迫る。空はもう息をひそめて、光と色の魔術を山に譲ってしまう。山は刻々と薔薇いろを紅に染めると共に、そばから金をなすって行く。そして、全山が殆《ほと》んど赤金の光に触れようとする絶頂で、待ちかまえていた太陽が、初めてぱっと第一光を浴びせかけ、鳥形残雪の現れる農鳥《のうとり》山のV字谷、間《あい》ノ岳の直下する蛇状谷その他に、濃紫の陰影を強く投射する。

このほんの瞬間、山ははっきりと動いた。動いたと見た一秒後には、完全に明暗の凹凸を生じた南アルプス連峯が燦然《さんぜん》として今日の朝日を迎える。群山悉《ことごと》くこれに額《ぬか》ずいている。……

この次ぎ次ぎ変化する色彩の魔術は多分に濛気の演ずるものである。またモルゲン・ロートを染める朝日が、濛気で漉《こ》されて来る光波のなすわざであることは言うまでもない。

星が美しくきらめくのは、その細糸のような光線が悠遠な天外から来て地球大気の中で断続するせいだが、地平線上の濛気は更にそのきらめきを忙しくさせる。それが、太陽系の惑星となると、比べものにならぬほど距離が近いので、光が線束となり瞬きをやらない。為《た》めに無表情な印象をも与えるが、それでも太陽に近くて濛気より上に出られない水星や金星となると、多少の瞬きをやる。宵《よい》の明星、暁《あけ》の明星にしても、濛気がなかったらただ銀光を放つのみに留《とど》まるだろう。

星の色に就いても、濛気の効果は著しい。青白光を放つ星、たとえば冬のシリウスや、夏の織女などは、濛気の中では、虹の七彩を瞬き、それを抜け出て初めて本来の色に落ちつく。

オレンジ色の星、たとえば暮春から初秋にかけてのアルクトゥールス、和名の麦星《むぎぼし》などは、濛気を潜《もぐ》る間は、紅を潮した金色にきらめき、中空へ昇ってから蒼《あお》ざめた黄玉光にきらめく。殊《こと》に私はこの星が、科学列車で行った八ケ岳の高原で、山の端に沈みかかるのを見た時の印象を今も忘れない。都会地の混濁した大気では、雨後の霽《は》れた晩か、濛気の鎮《しず》もった夜半ででもなければ、こうして沈む星までに眼を惹かれることは稀《ま》れである。

その時は十五夜の観月をも兼ねたハイキングだったが、高原の空には明月の光も浸《ひた》しきれぬ黒い深みがあった。平野では見られぬのが常のぬか星までを、月光にもまぎれず指さすことが出来た。

キャンプ・ファイヤを前にして、私は、夜目に一きわ異形な赤岳《あかだけ》(10)の頂に、大きく横たわる北斗七星から話し始めて、次ぎにその柄《え》のカーヴが自然に導くアルクトゥールスに移った。権現《ごんげん》岳(11)が南の釜無《かまなし》川(12)の谷に黒々と伸びて行く尾根の上に、実に美しく瞬《またた》いていた。いつもは濛気の中でも金茶色に輝いているのに、その山の端では、刹那《せつな》に金から真紅に変るかと見れば、次いで緑にまた金にという風で、この星がこうも複雑なトゥィンクルを見せようとは全く意外だった。私はシリウスのほかには使ったことのない「虹の七いろに瞬いている」を、つい口走ったのを覚えている。

しかし、さすがにシリウスが木枯しや強い霜夜《しもよ》に見せる荒《すさ》んだ瞬きとはちがい、いつもの落ちつきと、見る者に親愛を感じさす瞬きようだった。

私が南から東の星座を語り、天頂の織女を終って、もう一度西へ向いた時には、北斗もすでに赤岳に沈み、アルクトゥールスも、もうかき消えて、後には権現の尾根が黒く、寂寞《せきばく》と横たわっているばかりだった。星は沈むもの、――この事実を今更のように目のあたりに見て、低いどよめきが二百名の聴衆の中から聞えた。私自身もそれを感じて、しばらく星の消えた山の端の空を眺めていた。

（一九四六年　六一歳）

海辺の星

一

二た夏つづけて遥々《はるばる》と出かけた雄鹿《おしか》の(1)島めぐりは、二度目は雨で船川の漁港から舟が出せず、陰雲の低くたれた海を宿の二階から見ただけで引きかえして、その晩は陸前の川渡《かわたび》温泉(2)に泊り、翌晩は松島へ出て、ともかく島めぐりをして塩竈《しおがま》(3)に上ってから、更に外洋の口に面した桂島《かつらしま》へ渡り、そこで一泊した。連れは、後に陶器の鑑賞家として有名になった料治朝鳴《りようじちようめい》(4)君だった。

宿は島の網主《あみぬし》の家で、普請《ふしん》がまだ新しくランプも明るかったが、夕食の後に二人で散歩に出てみると、さすがに外は真暗だった。それに、だらだらの路《みち》を降《くだ》ればすぐ島の船著場《ふなつきば》で終る。広くても浅い潟海《かたうみ》の水は、空一めんの星影を映《うつ》し、遠い対岸では、観月楼の電飾の灯とその影とが、海気でたえず陽炎《かげろう》のように揺らめいて、夜目にはひどく近く見えていた。海の微風が浴衣では涼しすぎた。

気がつくと、船著場の暗闇《くらやみ》の底に三四人の黒影がうずくまっていて、しんと口もきかずにいる。涼んでいる様子でもなく、時々ぎい、ぎいと櫓《ろ》の音が近づいて来たり、暗いカンテラの灯が揺れて来ると、「塩竈の医者さまでねえかね」と、初めて声をかける。舟からは大かた返事もなくて、島を通り過ぎると、再びしいんとなる。

その中《うち》に、こちらの煙草の火を見つけたのだろう、一人が立って来た。マッチを貸してやると、その明りに島人の素朴な顔が見えて、すぐ消えた。ぼそぼそと問わず語りの話では、島に重い病人が出来て、塩竈まで医者さまを迎えにやった舟がまだ帰って来ない。明るい中からあすこに出ばって、待ちかねているということだった。それで戻って行った。

私たちもそうしている間に、いつとなく島人たちの気分に誘いこまれて、口数も少く、闇の中の櫓声に耳をそばだてるようになり、今度のあの揺れて来るカンテラが医者さまの船であってくれればいいと願うようになっていた。眼には自然に、近い潟海に沈んでいる夏の星々が入っていたのだが、それもただそれだけのことだった。

二

「初秋の海を見晴らす勝浦の宿でした。」と、松本恵子夫人は話してくれた。

「或る晩一時ごろ、ふと眼が覚めたので、今時分どんな星が出ているかしらと、起きて窓を開けてみました。月のない夜半で、海も空も黒ビロードを張りつめたような中で、びっくりしたほど沢山の星がきらめいていました。でもよく見れば、あれもこれも見知りの星座ですが、中で、真東の一きわ暗い水平線のすぐ上に一つ、すばらしく大きな星が輝いているのが、どう考えても、何の星だか判らないのです。まだ暁の明星が昇る時刻にはなっていなかったし……。

あまり美しいので見とれていると、その星がじりじりと水をはなれた後から、つづいてまた一つ、同じ大きさの星が海から吐かれて、行儀《ぎょうぎ》よくたてに並びました。おやとびっくりして眼を見はっている間に、二つそろってじりじりと昇る。すると、どうでしょう、つづいてまた一つ、これも前のと同じ大きさの星が、しかも同じ間隔で海から生まれて、三つでまるで沖に大きな祇園団子《ぎおんだんご》を立てたような形になりました。

不思議な星座もあるものと思って見つめている中に、あら！　と思わず声を立ててそれから、くすくす笑ってしまいました。何でもない、それはオリオンの三つ星だったのですもの。ただ一つ一つじかに海から吐き出されて来るのを見たのは、これが初めてですし、そして光りにしても、三つの間隔にしても、東京で見馴れているものとは比べものにならないほど大きかったもので、すっかり眼をだまされてしまったのです。

そして、二等星だという三つ星でさえ、こんなのだから、星の王者シリウスが沖から生まれるところはどんなにすばらしいだろう、むろん青い光芒《こうぼう》を暗い海に曳《ひ》くことだろうと思いましたが、ひどく冷えて来たので、思い切って床へもどってしまいました。

愛媛壬生川《にゅうがわ》地方の漁師は、「三つ星さまは土用の一郎に一つ見え、二郎に二つ見え、三郎には三つ見える」と言っているし、三重県北牟婁《むろ》郡長島地方でも、「三つ星は土用の一夜に一つ、二夜に二つ、三夜に三つ出る。それで異名を土用三郎と言う。」また宮城県阿武隈《あぶくま》川河口の荒浜村でも、「三でえしよが明方見えるのが土用の丑《うし》の日だ」と言っている。私は曽《かつ》て、船乗りの神で、日向《ひむか》の小戸《おど》の橘《たちばな》の檍原《あわきがはら》の浪間《なみま》より現われ出たと伝えられる住吉《すみよし》三神——底筒男命《そこつつのおのみこと》、中筒男命《なかつつのおのみこと》、表筒男命《うわつつのおのみこと》を、或いは海から次ぎ次ぎ昇る三つ星を神話化したものではないかと考えたことがあったが、松本夫人のこの話は、それを目のあたりに浮ばせてくれて楽しかった。

（一九四六年　六一歳）

三つ星覚書

ミツボシ（三つ星）は冬空の心臓に喩《たと》えていい。天文学では、三つともオリオン座に属する二等星である。全星座の形をギリシャ神話の猟師《りようし》オリオンが棍棒《こんぼう》を揮《ふる》って牡牛《おうし》座に向かう姿と見て、ミツボシはその帯に当るので、オリオンの「ベルト」として知られている。

こうしてオリオンに巨人の姿を見出すことは、古くバビロニヤの最初の王メロダック、聖書に猟師ニムロドとなっているものがこれである。旧約の「ヨブ記」にある「参宿《さんしゆく》の繫縄《つなぎ》」は、不信者の見せしめとしてニムロデが神の前につながれている意味であると解せられている。そして、これがギリシャに入って神話のオリオンとなったらしい。

聖書の「参宿」は中国で言うオリオンのことで、参がミツボシから出ていることはいうまでもない。そして、参宿全体の形は、四神の中の白虎《びやつこ》(1)にも擬《ぎ》せられたが、別に「鈇鉞《ふえつ》」の名もあって、柄が真中に附《つ》いている両刃《もろは》の鉞《まさかり》の形と見ている。そして、鉞から延《ひ》いて、この星々は「斬刈《ざんがい》を主《つかさど》り殺戮《さつりく》を主る」ということになっている。印度《いんど》では中国の白虎に対して、オリオンを鹿の形と見、ミツボシを鹿を射とめている三節の矢と見ている。この対照も深い興味があるし、自然で面白い。

日本では、誰れも知るようにこの星を広くミツボシと呼んで来たが、江戸の方言集『物類称呼《ぶつるいしょうこ》』に、

参　しん（からすきぼしと云《いう》、二十八宿の内也《なり》、）中星の横につらなりたる三の星を、江戸にて三光といい、また三つ星という。関西にて親にない星と云う。東国にて三ちょうの星と呼び、武蔵《むさし》の国葛西《かさい》にてさんかぼしという。

とあるように、今でもこの種の方言が諸地方に発見される。

カラスキボシ（柄鋤星）は、参宿の訳名にも用いられている名で、ミツボシをその右下のコミツボシと結んでこの農具の形に見たものである。さらに、これにミツボシの西の一星を加え、桝形に柄を添えたと見たサカマスボシ（酒桝星）の名も広く行なわれていて、ともに日本の優

秀な星名を代表している。

オヤニナイ（親荷い）という方言もある。これはミツボシが西に移って横一文字になった場合、中央を孝行息子、左右を親と見、それを荷《にな》っている形と見るので、日本らしくない見方だが、商莫迦菩薩《サマカぼさつ》の孝養《こうよう》伝説(2)から出ている形跡がある。そして、ミツボシによく似た蝎座の三星、鷲《わし》座のヒコボシ三星にも同じ名のあることが、元禄《げんろく》や享保《きようほう》の節用集《せつようしゆう》(3)や、俳句からも見出される。また、これを親でなく、粟《あわ》や稲を荷《かつ》いだと見たアワイナイ、イネイナイなどの名もある。

ミツボシが昔から農事暦に用いられることは、江戸時代の京都の学者畑維龍(4)の随筆集『四方《よも》の硯《すずり》』などでもよく分るし、今でも農村ではミツボッサンとして親しい目で迎《むか》えられていて、つい近代まで夜業に更《ふ》けた時刻を、その高さによって判じたりしていた。

以上の話でも判るように、ミツボシは、それが西に廻って横に一文字に列《つらな》った場合と、東に昇ったばかりの縦一文字の場合とで、見方と名前とが変ってくる。「オリオンの帯」も、この巨人が天上に立ちはだかって初めて合点《がてん》が行く名である。以下、各国で三つ星を呼ぶ代表的な名を掲げてみるが、この両方を含んでいる。

先ず《ま》ミツボシを棒と見るものが多い。日本のカセボシ、(5)オウコボシ(6)(枋星)などもその例である。西洋の船乗仲間では「帆桁《ヤード》の端《アーム》」と呼んでいる。商人の間では、しばしば反物《たんもの》を測る尺度の「エル」と呼んだり、「エルと碼尺《ヤードざし》」と呼んだりしている。日本にも千葉地方にシャクゴボシ(尺五星)、サンギボシ(算木星)があり、物差しと見たもので、これらは自然の聯想《れんそう》だし、今の天文学でこの全長三度(角度)を他の星々の間隔《かんかく》を測る尺度にしているのにも通じている。

中国では、史記《しき》に参を「三星直き者は、是《これ》を衡石《こうせき》となす」とあるし、晋書《しんじょ》には、「権衡《けんこう》をも主る」と言っている。アラビヤでは、古くからミツボシを巨人の「真珠《しんじゅ》の紐《ひも》」、または「金の胡桃《くるみ》」と呼んで来たが、近代では、「秤桿《しょうかん》(7)」と呼んで、コミツボシを「贋《にせ》の秤桿」と呼んでいるという。杖《つえ》や剣やその他に見たてたものは、ドイツ人の言う「ヤコブの杖」、旧教徒の間の「聖母の杖」、スウェーデン、ノールウェーで大神オーディン(8)の妻「フリッガーの捲糸竿《まきいとざお》」、ラプランド(9)の「カレヴァ(10)の剣」などが挙げられる。古代印度では前に書いた三節の矢(イシュス・トリカンダ)であった。日本のカラスキボシと同じ見方は、フランスおよびライン沿岸地方の農民の間にもあるらしい。

ミツボシを人間または動物に見たのでは、前記オヤニナイを始め、ドイツで「三人の草刈」、旧教徒の間では「三人のマリヤ」、あるいは耶蘇《ヤソ》(11)降誕《こうたん》の時の「東方の三博士」であった。バストー土人(12)も「三人の王」、時には「三匹の豚」と呼んでいるという。

グリーンランドでは「三人の海豹《あざらし》猟師」で、海で死んだのが空に昇ってミツボシになったと言っている。同じくエスキモー土人は、天に昇ったエスキモーが、険《けわ》しい雪の堤に刻みつけた「三段の足がかり」であると言っているそうである。

濠洲《ごうしゅう》(13)の土人は、スバルの乙女たち（コルロボレエ）と踊っている「三人の若者」と見た。アフリカの獰猛《どうもう》なマサイ土人は、「三人の老人を追いかけている三人の寡婦《かふ》」と呼んでいる。その老人たちはコミツボシであると言う。これで思い合わすのは、わがアイヌ人が、ミツボシを勤勉な三人の若者で、怠け者の六人の娘スバルを追廻《おいまわ》しているという伝説である。

中国では晋書に「参は白獣の体、其《その》中の三星の横に列《つら》なれるは三将なり」として、これと周囲の四つの星を七将に数え、「故に黄帝《こうてい》(14)参を占って七将に応ぜしむ」としている。

なお、日本でも仙台地方で三つ星を三ダイシと呼んで、私の甥《おい》はこれを、うどん屋の老婆から「日本の天子《てんし》さま、印度のお釈迦《しゃか》さま、アメリカのキリスト」と説明されたと言うが、これは群馬・埼玉などでいう三ダイショー（三大星）が訛《なま》って、「三大師」となったものらしい。

終りに、中国の年中行事では今も上八（正月八日）に参宿（ミツボシ）を観て天候を卜《ぼく》する。諺《ことわざ》に「上八参星を見ざれば月半紅灯を点ぜず（華灯を見ず）」と言う。月半云々《うんぬん》は、上元節《じょうげんせつ》（正月十五日）が雨となる意味である。上八に、参が月の後ろに在れば洪水《こうずい》、月の前に在れば旱魃《かんばつ》と見る天気占いもある。

私は、古くは礼記《らいき》(15)の四民月令《しみんげつれい》の中の農語、

三月の昏《たそがれ》参星夕す　杏花《きょうか》盛んに桑葉《そうよう》白し

を愛誦《あいしょう》する。「夕す」は斜めになることらしい。また、奄美大島《あまみおおしま》に今も伝わっている俚謡《りよう》、

夜中ミツブシ見ちゃる人《チュ》やうらぬ、吾《ワ》ぬど愛人《カナ》忍ぬで行じち見ちゃる

を、時に勝手な節をつけて微吟《びぎん》し、陶然《とうぜん》としている。ミツボシの文学として無類だと思う。

（一九三〇年　四五歳）

下田の三ドル星

星の和名も追い追い集まって来てみると、初めはその地方独特の星名のつもりで、虎《とら》の子のように大切にしていたものが、俄然《がぜん》、飛んだ見当違いの地方から、それそっくりの名や似寄りの名を知らせて貰《もら》えて、有難《ありがた》い一方にやや興醒《きょうざ》めた気持になったり、いや、こうあってこそしかるべきだと、喜び直してみたりすることが時々ある。

たとえば北極星の和名の「子《ね》の星」は、辞書でこそ見てはいたが、現代にも行われていることを知ったのは、つい三、四年前のことで、その後一向に収穫がないので、もっぱら瀬戸内海地方の名だと思っていた。ところが、先頃になって、琉球の八重山語彙《やえやまごい》にニーヌパ・プシ（子の方の星）とあるのが分ったり、最近には、東北地方でも「子の星」または「子星」ということを教えられて、やはり、この船乗りの知るべの星が、未《いま》だに津々浦々で子（北）の方角の星と呼ばれていることの極めて自然なのを頷いたわけである。

しかし、初めて島根地方の未見の友人から知らされた「籠《かご》かたぎ星」——夏の蝎座の中心であるアンタレースと左右の二星——の名を、これも後に、千葉の三里塚に住んでいる水野葉舟《みずのようしゅう》君(1)から、その地方でもそう言っていると教えられた時には、ちょっと呆気《あっけ》にとられたのである。もちろん、こういう点に、この種の研究の興味はあるのだが。

ところが、ここに書く、新しく拾った星の和名は、これこそ極めてローカルなものだと言うに躊躇《ちゅうちょ》しない。「三ドル星」という名は、伊豆の下田町と浜崎村とで言われているもの、静岡の内田武志氏が蒐集《しゅうしゅう》された中の一つである。そして、これがオリオン座の「みつ星」のことだと言ったら、目を丸くする読者もさぞ多かろうと思う。

土地が下田で、そして三ドル星である。無論これがアメリカの弗《ドル》から出た見立てで、領事ハルリス(2)以来のものだろうことは察するに難くない。そして、ハルリスが下田の玉泉寺にいわゆるコン四郎館(3)を置くことになってから、洋銀ドルラル(4)が下田の小さい町にセンセーションを起こしたことは、『唐人お吉《きち》(5)』の読者なら、皆知っていることだろう。

ハルリスとヒウスケン(6)とが初めに妾《めかけ》を物色した時にも、年抱《ねんかか》え洋銀六十枚と触れ出したという。洋銀の一片がどこかの寺の賽銭箱《さいせんばこ》に入っていたのが発見されて、名主《なぬし》さまが倉皇《そうこう》として届(7)け出たという。遠見番所に狼煙《のろし》が上がって、黒船が入港すると、陽気なマドロス(8)どもによって、町にドルラルの雨が降り、また、今でも「うし」と呼ばれている女たちが、じゃかじゃか三味線を鳴らして、「ありがたいぞえ唐人さんは、一朱の女郎に二分くれた」と唄《うた》ったものだという。その初めハルリスは、役人からドルラル一枚と一分三個引き替えの件を持ち出されて、ひどく立腹したという話もあった。

こんな風で、三ドル星の名は、日本人の目に珍しい、丸い異国の銀貨の印象と、それから町の潤《うるお》いも手伝って、自然に下田の町に生まれ出たものと考えたらどうだろう？　あの土地では多分、みつ星は海から昇る。とすれば、昇りたてに、黒船のマストの丈ほどにも一直線に並んだ三つの星が、燦爛《さんらん》と輝き、その影は、静かな入江の水にもはっきりと映っていたことだろう。これに、ドルラルの銀光りを連想して、誰と言うとなく、三ドル星と呼び始めたと考えては空想に過ぎるだろうか？

しかし、またこうも考えられる。黒船のマドロスたちが、彼等相応の単純な頭で、「みつ星」をそう呼んでいたのが、通事《つうじ》などの口から土地に残されたということである。そうすれば横浜あたりでも発見されそうにも思う。まだ僕自身の材料には、外国でも星座や星をそういう風に見立てたものに逢着《ほうちゃく》しない。

ついでの事に、僕の空想は、唐人お吉までにも落ちて行こう。日が暮れて、駕籠《かご》でコン四郎館へ送られるこの「異人女房」が、被布姿《ひふすがた》で脇息《きょうそく》にもたれて、やけ酒でとろんとしている目に、その頃名を聞き覚えた三ドル星が映ったことはなかったか？　コン四郎館の窓で、何かの折に、竹藪《たけやぶ》の空に斜めに傾き始めた三ドル星を見出して、昔の人がよくこの星で判断したように、夜のいたく更けたのを知ったことはなかったか、等々。

三ドル星の名はあまりに地方的である。下田でもいずれ忘れられて、お吉のギヤマン切子《きりこ》(9)の酒杯のようになくなってしまう日が来るのだろう。けれど僕はこの朗《ほが》らかな「みつ星」の異名を永く珍重して行きたいと思う。

（一九三四年　四九歳）

沙漠《さばく》の北極星

北極星を北の目標として航海した最初の国民は、西洋史の初めに出る海国民フェニキヤ人(1)である。ギリシャ人は、ホメーロスでも分るように、大熊座の北斗により北を知っていたのだが、紀元前六〇〇年頃、フェニキヤ生まれの哲学者タレースによって、この知識を伝えられた。それで初めはもっぱらウルサ（熊）・フェニキヤとも、単にフォイニケとも呼んでいた。ラテン名はステルラ・ポラーリス（北極星）で、これが今に及んでいる。ローマのユーリウス・ケーザル(2)が遠く北方のブリタニヤ――今のイギリスへ征服に赴いた時も、北極星を目標として行ったし、後にスペインのアルマダ艦隊がイギリスを襲った時(3)もそうだった。その他、各国の冒険家、航海家たちが、未知の大洋を往来したのも、すべてこの星によったものである。

陸の上でもそうだった。無人の土地や、知らぬ他国を旅した人々が、北極星をたよりとしたことは、いろいろの記録に見えている。たとえば、十三世紀に、元のクビライ(4)の朝廷に来ていたマルコ・ポーロは、その『東方見聞録』の中に、三、四の土地で見た北極星の高さを書いている。インドのマラバル(5)では「この国にては北極星を地平上二尋《ひろ》(fathom)の高さに見る」とあるし、グゼラット王国(6)では「ここよりは北極星は六尋の高さにある如《ごと》し」とある。また、約七十年前、米国南北戦争の当時に、南軍の捕虜《ほりよ》となった兵士や奴隷が脱走した時には、北極星を唯一の頼みとしたという話も残っている。

現代においては、昔ほど北極星の用はなくなったように思われるが、案外そうでない。現に文明国の船舶《せんぱく》でも、毎日夜明け前と日没後とには当直士官が六分儀《ろくぶんぎ》(7)で北極星の高さを測り、それで船の在る緯度を知ったり、羅針盤《らしんばん》(8)の誤差を測ったりしている。さらに文明に恵まれていない地方の原住民などは、昔ながらにこの星をたよりに奥地や沙漠を旅し、大洋を航海している。ここでは、その例をアラビヤ人に求めてみよう。

アラビヤ人の祖先はかつてトレミー(9)の天文学をアレキサンドリヤ府の図書館から迎えて、後にその翻訳書『アルマゲスト』と共に数多《あまた》の星のアラビヤ名を西欧に伝えた。今のアラビヤ人が今日用いている星名には、吾々《われわれ》が外国書を通して知っている名を多少とも散見《さんけん》する。これは亜熱帯の星空の下で、野天に起臥《きが》したり、あるいは涼しい夜の間に旅をつづけている原住民たちが、自然に言いつぎ語りついでいる名であるためである。

沙漠のアラビヤ人を代表するものはベドウィン種族である。これはシリヤからアラビヤ一帯、およびエジプト北部へかけて多く羊を逐《お》って放浪している遊牧の民である。ベドウィンの名も元来「沙漠に住む者」の意味であるという。

さて、ベドウィンの間に久しく生活した探検家の記録によると、彼等が最も口にする星の名はアルゲディ（Al-gedi）で、すなわち北極星である。——チーズマンは、『未知のアラビヤ』で、これをヴェディあるいはフェディイ（Vedi or Fedi）と称している。彼等の往来する地方は、主として北緯三十度から同十度の間にあるので、北へ上るにも南に下るにも、自然にアルゲディをたよりとする。

彼等の長老は常に若者たちを戒《いまし》めて「オプトン・アルゲディ」（Opton Al-gedi）という。これは「北極星に注意せよ」という意味である。それから夜をこめて沙漠を旅する時の心得として教える言葉はこうである。——

北へ進むにはアルゲディを馬の行く手に見よ。
北北東へ進むにはアルゲディを汝《な》の左の額《ひたい》に見よ。
北東へ進むにはアルゲディを汝の左の肩に見よ。
東へ進むにはアルゲディを左から鞍《くら》の後輪《あとわ》に置け。
南へ進むにはアルゲディを鞍の後輪の瘤《こぶ》に置け。

更にまた南へ下る時の歌の句に、

スハイルを正面に、アルゲディを馬の臀《しり》の上に。

というのがあると言う。

スハイル（Shejl）は、今の天文学ではカノープスという星で、北極星とはほぼ対蹠《たいしょ》の位置にある。チーズマンは、ソハイル（Sohail）と綴《つづ》っている。これはかつてマホメットが崇拝《すうはい》した星で、「マホメットの星」とも呼ばれている。そして、ベドウィンの人には、アルゲディに次いで重要な星である。

これは彼等に単に南の方角を示すばかりでない、雨季をも教えてくれる。彼等はこれが昇る十月一日から四十日間をスハイルの月といい、これに次ぐ二十日間をトライヤ（Trajja 和名すばる）の月といい、さらにこれに次ぐ二十日をガウザ（Gawza 双子座）の月という。この六十日が十月に始まり十二月終りまで続く雨季である。

十月一日にスハイルが現れると、ベドウィンたちは、「スハイルが出た。奥地へ進め」と叫んで、一切の荷物をとり纏《まと》めて出発する。また「スハイルが出た。クリークは安心ならぬぞ。夜もなつめ椰子《やし》を摘《つ》め」と言って、水のない河床《かわどこ》や、峡谷に張っていた天幕を片づけにかかる。やがて大雨が沛然《はいぜん》とやって来て、谷間を濁流《だくりゅう》で浸すのだという。

話は再び北極星に戻る。ベドウィン族はアラビヤ人であるから、当然回教徒である。それで、日ごとに五回ずつ都メッカの方へ向いて、砂地にひれ伏し、その神殿にあるカーバという黒石を遥拝《ようはい》する。そのためには、まず北極星のアルゲディを見つけ、それからメッカの方角を定めるという。

次に、このベドウィン人たちは、夜路《よみち》に迷うことを、「星に騙《だま》される」という。これは沙漠の星が爛々と輝いているために、目を惑わされることでもあろう。また、怪我《けが》をした場合に、傷口を星の光にあてると治らぬと言って、急いで天幕に入り手当を加える。しかし、アルゲディだけは特別で、目が疲れた時にしばらくそれを見つめていると、痛みがとれると言い伝えているそうである。これは常住の星に対する信念から来ていることに違いない。

次に僕は、一九二二年にハッサネイン・ベイ氏がアフリカのリビヤ沙漠を縦断した旅行記の中から、ベドウィン人がいかに北極星をたよりにしているかの事実を拾ってみる。――ハッサネイン・ベイ氏はオックスフォードを卒業した現エジプト政府の大官であるが、地中海の沿岸のソルムという地から、大体エジプトと西隣のトリポリ(11)との国境に沿うて南へ降《くだ》り、途中から南東へ転じて、エジプトのスダン(12)に入り、北緯十二、三度の辺にあるエル・オベイド(13)という地に達した。この旅程は全長二千二百マイルに及んで、大部分はリビヤ沙漠の無人の境に当っているのである。

ところで、ハッサネイン・ベイ氏は、「沙漠の旅でベドウィン人のガイドが方角を定めて行く方法は、知らぬ者には到底想像もつかぬ努力である。彼等は何一つ目じるしとても無い渺《びょう》茫《ぼう》(14)たる沙漠では、星のみをたよりとしている」と書いて、その方法というのをこう説明している。

まず一行の先頭に立つ原住民のガイドは、いつの夜も第一歩を起こす前に、まず首を右へ向けて肩越しに後ろを見る。そして、アルゲディの星を見つけると、それが右の耳の後ろにあるようにする。それから向き直って、真正面に南の星を一つ見つける。そこでその一つ星をじっと見すえたまま、面《おもて》も振らず、まっ直ぐに歩き始める。

しかし、五分も経つと、彼は立ち止まって、また肩越しに振り向いて北極星が右の耳の後ろにあるのを見とどけてから、再びまっ直ぐ南に新しく目標の星を定め、それを睨《にら》みながら歩き始める。これは、どの南の星もじりじりと西へ動くので、同じ星ばかりを目標にしているのでは、自然に方向が逸《そ》れるからである。そして、この角度の狂いは初めは小さくとも、末には大きな狂いを生じて、沙漠の旅の生命であるオアシスあるいは井戸の在処《ありか》に辿《たど》りつけぬ結果ともなるのである。

こういう、異常に緊張したガイドぶりであるために、彼はひどく視神経を疲れさせる。それで是非《ぜひ》とも昼の間十分の休養を取らなければならないのだが、しかし、昼の暑熱のはなはだしい時には、それも思うようには行かない。その結果は、星を見つめて歩きながら、瞬間的に居眠りをやる。それで、五分ごとに目あての星を変えなければならぬのが、七分毎《ごと》となり、八分毎ともなる。その間に足は自然に西の方へ向く。これが最も恐しいと言う。

終りにハッサネイン・ベイ氏は、「沙漠に日没が来て、まだ星の現れない時や、また、暁の星が消えてまだ太陽の昇らない間は、原住民のガイドはしょんぼりと沙漠の真ん中に立往生しているのが笑止《しょうし》にも憫《あわ》れだった。そういう時には、自分の羅針盤を出して、力添えをしてやった」と書いているが、まことにこの状景が目に見えるようである。

以上が沙漠における北極星である。この他キャプテン・ブカナムという人がサハラ沙漠を駱《らく》駝《だ》で縦断した紀行文の中にも、原住民が星に通暁《つうぎょう》していること、その一人が北極星を指して、「自分の家はあの星の下にある」としばしば言って、それを自慢のようにしていたことを書いていた。僕はこの沙漠の北極星に対して、ハワイの原住民が、南二千マイルにあるタヒチ島から帰って行く洋上で、貿易風に吹かれて東へ流されるため、彼等のいうホクパアア（北極星）の高さを奇妙な瓢簞《ひょうたん》の孔《あな》から窺《うかが》ってハワイの緯度を知り、西へ針路を向けて無事に故郷の港へ帰り着くという話を興深く想い出す。これはかつて小著『星を語る』(15)の中に書いた。

（一九三四年 四九歳）

南極老人星を見る

私が今珍蔵している李朝《りちょう》(1)初期の密画《みつが》「瀛州《えいしゅう》老人星図」は、朝鮮陶磁器の研究家として名高い浅川伯教《あさかわのりたか》(2)君が、終戦後にとどけてくれたものである。

瀛州は済州島《さいしゅうとう》(3)のことで、老人星はアルゴ座の一部、竜骨《りゅうこつ》座の一等星カノープスの中国名である。日本の緯度では、一月、二月の頃、南の地平線にわずかに現れてすぐ沈むし、東京では高度ようやく二度に過ぎないので、天文ファンの憧《あこが》れになっている。

浅川君は今から四十年も昔、甲府師範《しはん》(4)の先生だった頃、私からこの星の話を聞いて同じように興味を持ちだした。その後朝鮮に渡って、甲州人特有のひた向きの性格から十数年の間に陶器鑑賞の大家と成ったのだが、いつぞや上京して高島屋で朝鮮古陶《ことう》遺蹟《いせき》の展覧会を開いた時、久しぶりで逢った私にいきなり言い出したのは、南鮮の蟾津江《せんしんこう》(5)上流にある智異《チリ》山の華厳寺(6)で、老僧から冬至《とうじ》の頃老人星が見えると聞いた話で、それはV字形の谷の東の岸から現れて西の岸へ渡る。その様子を老僧は、長い袖《そで》の下の握《にぎ》り拳《こぶし》をもぞもぞ動かしてみせて説明したと、その手つきをしながら熱心に私に語った。

この時に、老人星の画を手に入れたから、いずれ送ると約束したのが、十数年を経て私の家へ持って来てくれたので、李王家のお局《つぼね》部屋二室を占めていたという莫大《ばくだい》な蒐集品は残らず没収《ぼっしゅう》されたのに、この約束だけは果してくれたのである。

それは大半黒く煤《すす》けているが、済州島の裾《すそ》を洗う白波や、城門と城壁や、人家や、船着き場や、犬牙《けんが》のように連なる漢拏《ハルラ》山の数峰が海へ削《そ》ぎ落している懸崖《けんがい》や、主峰の頂きに近い池らしいものなどは見出すことができる。そして島の空をも埋めている波の上の、山よりは右の空に、老人星が朱色の点でにじんでいて、「瀛州老人星図」と大書し、「天官書曰　主寿昌天下安寧」と添え書きしてある。浅川君の話では、朝鮮の宮殿や大家の庭には、よく老人星祠《し》があるという。あるいはそういう処《ところ》の本尊《ほんぞん》として懸《か》かっていたものかも知れない。ともかく星を中心に描いた山水図としては稀有《けう》のものに違いない。

この星は、初めに書いたように、竜骨座のカノープスと言い、光度はマイナス〇・九等、大犬座のシリウスに次ぐ全天第二の一等星で、しかも実はシリウスの何千倍という光の量である。地平の濛気のためにどんより赤ちゃけて、ちょっと火星のように見えるが、事実はシリウスのように白光を放っているので、一八六一年南米チリーの紀行には、「シリウスを凌《しの》ぐ爛々たる光を放っていた」と書いている。

日本でも緯度が南へ下るほど、この星が見易《みやす》くなるのは当然で、かつて京都では五条の橋の上で南に低く見えると書いていたのを読んだ。神戸附近では和泉《いずみ》山脈の上によく見えるという。姫路高校の桑原昭二氏の報には、その地方の漁村では鳴門《なると》の方向に見えるので、ナルトボシ、アワジボシなどと呼ぶとあった。しかし東京ではこれを発見するのに、よほどの努力を要する。これは、この星の赤緯《せきい》が南緯五二度四〇分余で、北緯三五度三九分の東京では、南中の高度が僅《わず》か一度五九分で、これも大気の影響で実際より一八分ほど高く見えてのことである。毎年冬至の夜半に南中し、一ヵ月毎に二時間を早め、二月は二十三日の二十時南中となる。

私が初めてこの星に対面したのは関東大震災の後だった。まだその頃は東京郊外の駒沢《こまざわ》村だったが、夜警をやって、二月上旬の夜、雑木林の凍《こお》った路を拍子木を打って歩いていると、園芸学校の南の野のはずれに、電柱の灯かと思ったほどの低さに、紅《あか》い大きな星を一つ発見した。

その部分はアルゴ座で、そこに点在する大小の星々は、ギリシャ神話で、コルキスの島へ金色の羊毛を取りに行き、舳先《へさき》はボスフォルス海峡の浮島に嚙《か》み取られたという巨船アルゴー号のマストと船尾とを、中空へかけて朧《おぼ》ろに描き出していた。その見馴れない星は船尾よりはずっと下で、正しく竜骨のあたりに、大きく光っているので、私は「もしや」と思って、予《かね》て知っていた英国の陸軍で教えているという、カノープスの発見法を試みてみた。

それは、中空に輝いている大犬座のシリウスの南で、三つの二等星が作っている直角——後に知ったのでは和名のクラカケボシ（鞍懸け星）を二等分してその線を南へ延《の》ばし、約三五度で地平線にとどいた点から少し右を見ると、この一等星を発見するという方法である。こうして、断然これがカノープスに相違ないことを知った時には、私は思わず霜柱の上で小躍《こおど》りした。

その後も私は、二、三度同じ方法でカノープスを見て、愈々《いよいよ》それを確めた。その後このことを書いたり、放送もして、あちこちでカノープスを見たという報告を貰った。鎌倉では稲村《いなむら》ケ崎《さき》で、場所もあろうに湯殿《ゆどの》の窓から見つけた旧弟子もあった。

なお昔から諸地方に竜灯として伝えられているものの中には、まれに見えるカノープスをも含んでいることが考えられる。例えば長野県木崎《きざき》湖(7)で、十月の早朝から二月頃の夜にかけて、湖の南方に低く現れる竜灯は、二十年余りにわたる老僧の観察からカノープスらしいと坂井誉志夫氏が発表し、神田茂氏も認められている。四国の突端、佐多岬《さだみさき》(8)で見えるという有名な竜灯なども、あるいはそうではないかと空想させられる。

終戦後には栃木市で見たという報、次いで群馬の沼田で見たという報を入手した。また、岳人の某君は山歩きのあちこちでこの星を見たノートを丹念に報告してくれた。

最も愉快なのは最近になって、都立大学生の某君が一月四日の夜十一時頃、両国駅のフォームで旧国技館のドームと煙突との間に低くカノープスを発見したという報告で、以後あすこは東京に於《お》けるカノープス展望台として極めつきにしていいと思う。

以上の例でも判るように、東京またはその北に住んで、この全天第二位の巨星になかなか見参できない人たちは、これを見出だすと、鬼の首を取ったように喜ぶ。かつて私の放送を佐原《さわら》で聞いてその夜、利根川の土手に登ってこの星を発見し、その嬉《うれ》しさにバット(9)の箱の裏に星明りでスケッチして送って来た早大生の某君もあった。

さて、カノープスが見える見えないの興味は、星そのものにもあるのは無論だが、同時に初めに書いたように、これが中国で南極老人星、老人星、時に寿星《じゅせい》として重んぜられて来た興味も手伝っている。これは、昔の洛陽長安《らくようちょうあん》の緯度(10)でも、南極の名が示しているように、この星が毎年わずかの間南天低く現れて、すぐ沈み、人の目を捉《とら》えることが稀だった事実から来ている。

李白の「諸公と陳郎将の衡陽《こうよう》に帰るを送る」という詩にも、

衡山《こうざん》(11) 蒼々《そうそう》として紫冥《しめい》に入る

下に看《み》る南極老人星

云々という句がある。衡山の突兀たる絶頂から見下ろした老人星で、豪壮な光景である。そう言えば、富士山の紀行に、絶頂からカノープスを見たと書いていた人があった。夏の暁天なら見えるわけである。

済州島図にも引いてある史記の天官書には、

狼の比地に大星あり。南極老人と曰《い》う。老人現るれば治安く、見えざれば兵起こる。常に秋分の時を以《もっ》て、之《これ》を南郊に候《うかが》う。

とある。「狼」は即ちシリウスで、「天狼」とも言われる。

また、晋書には、

老人の一星、弧《こ》の南に在《あ》り。一に南極という。常に秋分の旦《たん》を以て景に見《あら》われ、春分の夕にして丁《てい》に没す。現るれば治平にして寿を主どること昌《さかん》なり。

とある。弧は大犬座の下部で例の三つの星（クラカケボシ）が直角をなす部分を主とする。寺島良安の『和漢三才図会《わかんさんさいずえ》』(12)は、

此の星、人民の寿算を主どる。南極地に入ること三十六度、得て見る可《べ》からざる也。故《ゆえ》に其の精神地より出でて以て現るるか。之を南極老人と謂《い》う。然《しか》れども其地を出ること甚《はなは》だ遠からず。故に隠見《いんけん》常ならず、現るれば則《すなわ》ち祥《しょう》と為《な》す。

云々とある。

こういう信仰からこの星を寿星として祀《まつ》ったのは古くからのことで、通典《つてん》にも「周、寿星の祠《ほこら》を立つ」とあるし、史記の封禅書《ほうぜんしょ》にも「寿星の祠」の名が見える。宋朝会要《そうちょうかいよう》の中の引用にも唐の開元中に「寿星壇《だん》を置き、老人星および角亢《かっこう》七宿(13)を祠《まつ》る」などと書いている。

日本では中国の占星術《せんせいじゅつ》をそのまま伝えているので、陰陽寮《おんみょうりょう》の掌《つかさど》る星祭の中に、老人星祭の名があるし、「老人星見わる」の記事は年代記に散見している。醍醐《だいご》天皇(14)の昌泰《しょうたい》四年（西紀九〇一）が延喜《えんぎ》と改元されたのは、辛酉革命《しんゆうかくめい》(15)という大凶《だいきょう》の干支《かんし》に当っていたのと、前年の秋に老人星が現れたためであった。神田茂氏の計算によれば、この時代は、地球の歳差のために老人星が最もよく見えた頃で、京都では二度五一分の高さで南中したという。『類聚国史《るいじゅうこくし》』(16)から引用すると、桓武《かんむ》帝の延暦《えんりやく》二十二年(17)十一月の条《くだり》に、

又有史奏称して、老人星見わると、臣等謹《つつし》んで案ずるに、元命苞《げんみょうほう》に曰く老人星は瑞星《ずいせい》也。現るれば則ち治平にして寿を主る。

とある。『中右記《ちゅうゆうき》』(18)という書などは、嘉承《かしょう》二年(19)の条に、天文博士《はかせ》が老人星の出現を祥瑞《しょうずい》として奏上《そうじょう》したのを「此事《このこと》心得ず、件《くだん》の星常に南方に在り、而《しこう》して天に登ること高ければ見ゆ」云々

と幻滅《げんめつ》をやっている。江戸時代の武江年表《ぶこうねんぴょう》[20]にも元禄《げんろく》二年[21]正月十六日に、「頃日《けいじつ》老人星現る」として、瑞星であるとの註が附いている。また、神田氏によると、仙台の天文家戸板保祐《といたやすすけ》[22]の著『仙台実測志』という書には、宝暦《ほうれき》[23]三年仙台から京都へ上る途中「九月十一日晨《しん》、草津にて南極老人星を馬上にて見る。高さ三尺ばかり」とある由で、想像を誘われる記事である。

次ぎに、南極老人が画に現れる時には、七福神の中の寿老人で、長頭矮身《わいしん》の姿で、しばしば鶴《つる》に乗っている。これについて思い出すのは、馬琴《ばきん》の『椿説弓張月《ちんせつゆみはりづき》』[24]で読んだ南極老人である。まず為朝《ためとも》は、洋上で、あかしま風（颱風《たいふう》）に逢った後、舜天丸《しゅんてんまる》と八丁礫喜平次《はっちょうつぶてのきへいじ》とが荒磯島《あらいそじま》に漂着《ひょうちゃく》する。「辛《から》うじて松柏《しょうはく》の巌《いわ》に縁《ふちど》り、桃花《とうか》の潤《たに》を繞《めぐ》りつつ攀《よじ》登れば、霊風《れいふう》地に触《さわ》りて、紫蘭《しらん》の室《むろ》に入るが如く、彩雲《さいうん》天に遍《へん》して、春花の林に遊ぶに似《にた》り」それから、山の頂に、紅帽鶴《こうぼうかく》裳童顔《しょうどうがん》の仙翁《せんおう》が経巻を誦《しょう》していて、馬琴一流の長文句で琉球《りゅうきゅう》の説明を始める。それが南極寿老人だった。そして、終りに為朝昇天の時にも白鶴に乗ってやって来て、「しかるに後世好事《こうず》のもの、南極星に配したり」などと、ここでも馬琴一流の考証をやっている。

ところで、老人星が寿老人の姿に描かれるについては、中国一流の伝説があって面白い。

『事玄要言』という本に、

嘉祐《かゆう》八年(25)十一月、京師《けいし》(26)に道人の市に遊ぶあり。従って来る所を知る莫《な》し。貌体古怪《ぼうたいこかい》、常と類せず。酒を飲むこと算無し。曽《かつ》て酔いを覚えず。都人之《とじんこれ》を異として相与《あいとも》に喧伝《けんでん》す。好事者潜《ひそ》かに之《これ》が状を図す。後近づいて帝《みかど》に達す。引見《いんけん》して酒一石を賜《たま》う。飲んで七斗に及ぶ。次の日司天台奏す。寿星帝座に臨むと。忽《たちま》ち常の在る所を失う。仁宗嘉嘆《じんそうかたん》すること久し。

とあるもので、日本では文晁《ぶんちょう》(27)が、その『文晁画談』にこの記事を引用して、漢画の寿星像を由《ゆい》緒《しょ》正しいものであると考証している。

遠く、古代エジプトでは、この星はオシリス神(28)の権化《ごんげ》であり、後にはマホメットが己《おの》れの運命を占った星であった。今でもアラビヤのベドウィン族はこの星をスハイルと呼んで、沙漠を南へ下る時は、「スハイルを前に、アル・ゲディ（北極星）を駱駝の後《しり》えに」というのを標語としているという。そして、十月一日にこの星が現れると雨季に入るので、「スハイルが出たぞ、沙漠の奥へ！」と叫んで、天幕初めいっさいの荷物を駱駝に積んで、隊を組んで出発する。また、この頃低地や水のない河床に天幕を張っていた土人は、「スハイルが出た。もう谷間は安心が出来ぬぞ。夜でもなつめを摘んで引き上げろ」という。その通りやがて大夕立がやって来て、低地を濁流《だくりゅう》で浸すそうである。

終りに東京湾から遠州灘《えんしゅうなだ》へかけては、この星はメラボシと呼ばれる。名の起源は、房州布良《めら》の漁師が難破《なんぱ》で水死した魂が星になったと信ぜられたためだというが、二月の時分、海上でこの星が南の水平線に現れると、しけになると言って急いで引っ返して来るという。

こうなると、老人星ののんびりした空想は、一時に吹き飛んで、風速何十メートル、山のように高まり崩れる怒濤《どとう》の果ての、不気味に赤ちゃけた大星となって見えて来る。

冬波やあやかし星を吐き崩る

（一九三〇年 四五歳）

軍靴《ぐんか》

Kは、望遠鏡製作所の職員から召集されて満州で教育を受けていた。その間時々星のたよりを送って来て、北満の冬は星があまりにぎらついて、観測には適しないことや、田舎路《いなかみち》の四つ辻に立っている祠は必ず南面しているので、闇《やみ》の晩でもそれをさぐりあてれば方向を誤らないことや、また私の問い合わせで、葬具屋の店先に、北斗七星を描いた棺《ひつぎ》を発見して、スケッチしてくれたりした。

その中《うち》にKは、神奈川県の陸軍兵器学校の試験を受けて、八百名の中ほどで合格した。望遠鏡の設計に関係していた技能と機械に対する興味とから、Kの成績がよかろうことは私にも想像できた。一年ほどで卒業して、Kは再び満州へもどることとなって、暇乞《いとまご》いに来た。二月の今ごろだったと思う。十分か、十五分だったが、対座するなり、眼を輝かして話しだした。

――二、三日前の夜、相模野《さがみの》(1)の宿舎の二階の窓からふと見ると、南の地平とすれすれに、赤い色の大きな星が出ていた。もしかしてカノープスではないかと胸をどきどきさせながら、それを確かめる方法をやってみると、果してそれがカノープス――中国でいう南極老人であることが判った。「満州へ立つという矢先に、思いがけなく憧れの星に逢えたのですから、うれしさと言ったらありません」と言うのである。

この喜びは星に親しむ者でなければ理解できない。私も大いにKを祝福した。その中に遅くなったのに気づいて、あわてて縁先で大きな軍靴をはきにかかったが、「そう、そう、こんなものをもらいました」と、胸ポケットから銀時計を取り出して見せた。その裏には「陸軍大臣賞」ときざんであって、聞けば、首席で卒業したというのである。

そして挙手《きよしゆ》をして、大きな軍靴をドタドタいわせて門から姿を消した。この星の弟子は、この名誉(?)の賞品よりも、カノープスに逢えた方がはるかに自慢だったのだ。

(一九四五年 六〇歳)

南十字星

若い地震学者のN君が、一九六八年三月一日の日没直後、ケープタウンで撮影した南十字星のすばらしいカラー写真を贈《おく》ってくれた。

低い地平上にはまだ夕明りが残っており、テーブル・マウンテンの裾《すそ》らしい稜線《りょうせん》が濃く曳いて、ともり始めた市街の灯がちらほらしているが、南十字は高い紺碧《こんぺき》の空で横ざまから少し仰向きに懸り、その右にはヽえ座の三つの星、そして右下の中空にやや薄明《はくめい》に浸って、ケンタウルスのβα《ベータアルファ》が斜め一文字に輝いている。

特に南十字は、αとβの強い白光に対して、γ《ガンマ》のオレンジがひどく際だって目を打ち、δ《デルタ》とαの間にぽつりとε《イプシロン》がオレンジの点を打つのが実に微妙に感じられる。

私は溜息《ためいき》をつきながら、この美しい写真に見入っていた。かつて南十字の名は全国の寒村僻《へき》地《ち》の隅々までも鳴りひびいていた。郵便切手にもなれば、戦地ではその名の煙草まで出た。私も幾度となく文にしたので、未知の出征《しゅっせい》軍人からもよく便りが来て、「ニッパ椰子の小屋の窓から見ました」というのもあったし、星を知っている人は、必ず北の空の白鳥座と比べて書いて来た。

それが敗戦と同時にぷっつり消えてしまった。無事に南方から帰還した人たちでも口にするのを聞いたことはない。稀《ま》れに話に出しても、そんな星を見たかしらという顔をしている。

私にしても時たま、腕白《わんぱく》だった甥が南十字の輝く下で、ガダルカナルの海底に艦ごと沈んだままなのを思い出すことはあるが、今ではそれを越えて、『元和航海記』(1)の〝クルゼイロ〟(2)や『天竺徳兵衛《てんじくとくべえ》日記』(3)の〝大クルス・小クルス〟や、ヴァスコ・ダ・ガマや、『マゼラン航海記』の南十字星などを読み漁《あさ》った昔の自分になっている。

これは諦めるのが早い国民性にも由《よ》るのか知れないが、しかし、こうして写真を眺めていると、星は人間の喜怒哀楽には一切関係なく、何万年、何十万年でも冷然と天涯《てんがい》にきらめいているものだということを改めて感じさせられる。

(一九四五年 六〇歳)

星恋

まだ登る機会を得ない久恋の山や、嘗《かつ》て登って苦労もさせられた山の影を、思いがけない処で遠い地平の果てに望み得た時の喜びは、岳人の誰《だ》れもが言うことである。私も東横線が初めて横浜まで通じた年の冬の朝、綱島のあたりで、西の秩父《ちちぶ》連山と丹沢山塊との断《き》れめに低く、朝日に映《は》えている雪嶺《せつれい》を発見し、これが甲斐の白峯であることを確かめ得た時には、胸の躍るのを抑えきれなかった。

北へ緯度の高い土地から南の星を恋うる気持にも、この山へのあこがれに通じたものがある。見えぬ星、たとえば南十字星を、春の帆《ほ》かけ星の南中を仰いで、あの直下の地平線の彼方で同じく今ごろ黄金の十字を直立させているのだなど思うのもそれだが、更に南の果てに低く輝き出て程なく沈んでしまう星となると、なまじ見えるだけに、喜びと共に遣《や》るせない思いをも誘われるのである。

それに山々がその地に常在であり、一日二日の旅行で眉《まゆ》近く仰ぐことも出来るのに対し、星となると、それに堪能《たんのう》するまでには遥《はる》ばると南下しなければならないし、また遠い姿をかい間見せるにしても、一年の間の限られた時のみに過ぎない。それだけに星へのあこがれは強く、満たし得た喜びは深いのである。

英国の緯度では、南魚座の一等星フォーマルハウト、漢名の北落師門は、地平線から八度ほどの高さに見える。且《か》つ、あたりに目だつ星がなく、ぽつりと孤光を点じているのも手伝って、星を愛する人たちの間に、南へ思いを馳《は》せさす星となっている。これを、暮れて行く山々の一峯に紅くちろめくアルペングロー(1)に喩えた人もあるし、米国には、幌《ほろ》馬車の時代、大草原の深夜にともる豆のような灯影に形容した人もある。

日本の緯度では、アルゴー座の主星カノープス、南極老人星がこれを代表する。しかも東京では高度漸《ようや》く二度、一月下旬からきさらぎ寒の頃、南の地平のそれも町明りがなく、また濛気の少い夜でない限りは見ることは出来ない。南方では青白い爛々たる超一等星だが、ここでは火星のように赤ちゃけている。そのため昔、洛陽長安の天文博士が延寿の星、天下泰平の兆《きざし》と見たのに対し、東京近海から遠州灘へかけては、房州布良の漁師が二月の荒天に沖で死んだ執念の火と見、暴風の兆としている。

嘗て私の老人星の放送を聞いた下総《しもうさ》佐原の大学生は、その夜利根の堤でこの星を発見し、喜びの余りにバットの函《はこ》に星明りでスケッチして、送ってよこした。また朝鮮陶磁器の鑑賞で有名な浅川伯教君は、高島屋で蒐集品の展観を催《もよお》した時、説明を待っている群衆をそっちのけに蟾津江の上流智異山の古寺で初めて見た老人星の話を熱心に私に聞かせ、老僧がこの星が谷間の低い空を渡る際の印象を、拳をもぐもぐ動かして話したという手つきまでもやって見せてくれた。そして、古い済州島の昼の、空に赤い老人星を描いたものを送ってくれる約束で別れたが、十年もたってそれを持参してくれた。

私のところへ、一年にわたる観星日記を送ってくれていた信州更級《さらしな》(2)の某夫人は、二月の夜、老人星を見つけようと、わざわざ大屋根に登った。その日記を引いてみる。

「八時、梯子《はしご》は氷りついてゐて、びくともしないのに、いくぢなく足のふるへるのを踏みしめ

踏みしめ上る。泥棒猫のやうに身を屈《かが》めて、そつと瓦《かわら》の上をわたりながら、一番高い場所を物色する。木の枝の邪魔がなく大崎街道の見晴せる場所に、髪は大屋根の萱葺《かやぶ》きにふれるくらゐに高い際に立つて見ると、スカイラインは眼の位置より大分低くなつてゐた。けれど鞍《くら》かけ星（老人星を発見する規準の星）までは一面ぼんやりしてゐて、π星がかすかに見えるだけ、外《ほか》には一つの星も見えなかつた。……」

また、或る夜の日記にはこう書いてあった。

「八時……南門の前通りまで来て何気なしに向ふを見ると、その開いた口から真直ぐの大崎の上に、大きな赤い星の光つてゐるのが、ちらと目を射た。その瞬間、カノープス（老人星）だと思つたが、いいえ、カノープスぢやない。手がかりのシリウスはもうあんなに西へ行つてしまつてゐる。でも、たしかに星だ。誰も見たことのない新星かも知れないなどと、終《しま》ひにはこんなことまで本気に考へた。大崎道の真上にすれずれに見えてゐたその光――丁度《ちょうど》上り際の木星ぐらいの大きさで、火星のやうに赤いその光は、次の瞬間には見えなくなつてしまつた。しかし頭をちよつと動かすと、又見えた。……

まだ静まり切らない鼓動を感じながら見てゐると、その光は、時々見えなくなつたり、又見えたりしながら、ほんの徐々にだけれど山を下つて来る。それから卅分《さんじつぷん》もした頃、浅野山の炭焼が親子四人連れでお湯に入りに来た。さつきの星の光と思つたのは、この人達の提灯の明りだつたらしい。」

あこがれの星影と見たのは、遠くから自分の家へ風呂を貰いに来る提灯の灯だった。これだけでも句になると私は思ったが、更に提灯の主が炭焼の親子連れなのは、いかにも信濃《しなの》の山村の寒夜情景らしくて、しばらくは私を陶然とさせてくれた。

そのほか、天草で「星むすめ」と言われている少女は、屋根に登ってこの星を見た喜びを報《し》らせて来たし、岳人の某君は東京近在の秋山で夜明けにこの星を見た度々の思い出を詳しく書いて来た。それにも喜びは溢《あふ》れていた。

理窟《りくつ》をいえば、これは単に緯度の相違から来るロマンティシズムに過ぎない。しかし、私はこの星を恋うる心を、次ぎの世代にも伝えて行きたいと思っている。

（一九四六年 六一歳）

星を覗くもの

1［佐々木味津三］作家（一八九六―一九三四）。**2**［森下雨村］編集者、作家（一八九〇―一九六五）。**3**［タレース先生］古代ギリシャの記録に残る最古の哲学者（前六二四頃―前五四六頃）。40頁の「タレース先生」も参照。**4**［ケンマコクゲキ］肩摩轂撃。往来が激しいこと。**5**［華厳最初の投身者］遺書「巌頭之感」を遺して華厳の滝で投身自殺した藤村操（一八八六―一九〇三）。「巌頭之感」の書き出しは「悠々たる哉天壤」。**6**［ホメーロス］紀元前八世紀ごろ活躍したとされるギリシャの吟遊詩人。代表作に『イーリアス』『オデュッセイア』。**7**［大地震］一九二三年の関東大震災。**8**［厳子陵］厳光。中国・後漢時代初期の隠者・逸民（前三九―四一）。光武帝の学友。**9**［光武帝］後漢の初代皇帝（前六―五一）。**10**［バビロンやニネヴェ］ともにメソポタミア（現在のイラク）の古代都市。**11**［李白］中国・盛唐時代の詩人（七〇一―七六二）。後続の詩文は「将遊衡岳過漢陽双松亭留別族弟浮屠談皓」。**12**［青くなる］現在では、青い星は生まれたばかり、赤い星は老齢の星とされている。**13**［九十五万光年］現在の観測では、アンドロメダ銀河までの距離は約二五〇万光年と推定されている。**14**［権現様御入府］徳川家康の江戸入府（一五九〇）。**15**［タイバーン］一八世紀まで使用されていたロンドンの刑場の地名。現在のハイド・パークの一部。**16**［綱館の茨木］長唄「茨木」。羅生門で渡辺綱に片腕を切られた茨木童子が、おばに化けて綱を油断させて腕を取り戻す。22頁も参照。**17**［海賊船の大砲の名］イギリスの作家ロバート・ルイス・スティーヴンソンの冒険小説『宝島』に登場する海賊船の大砲のこと。23頁も参照。**18**［天国に結ぶ恋］坂田山心中事件に題材をとった映画（一九三二）。

小望遠鏡漫語

1［玉虫厨子］法隆寺に伝わる宮殿形の厨子（飛鳥時代）。**2**［雁次郎］初代中村鴈治郎（一八六〇―一九三五）。上方歌舞伎の大看板。**3**［木挽町］歌舞伎座のこと。**4**［宗十郎］中村宗十郎（一八三五―八九）。上方で活躍した歌舞伎俳優。「末廣屋」は宗十郎の屋号。**5**［紙治］紙屋治兵衛。浄瑠璃「心中天網島」、並びに歌舞伎「河庄」の主人公。**6**［大佛次郎］作家（一八九七―一九七三）。野尻抱影の弟。**7**［雛鳥と久我之助］人形浄瑠璃、並びに歌舞伎の「妹背山婦女庭訓」の登場人物。反目する二家の子女であったが恋仲となる。**8**［茨木童子］本書「星を覗くもの」註**16**参照。**9**［アンビシャス］大志、野心のある。**10**［ケプラー］ヨハネス・ケプラー。ドイツの天文学者（一五七一―一六三〇）。惑星の運動に関する「ケプラーの法則」を発見。

桜新町

1［七号線］現在の玉川通り（国道246号）。**2**［駒沢でナイター］当時駒沢には野球場があり、東映フライヤーズ（現在の北海道日本ハムファイターズ）が本拠地として使用していた。球場は一九六二年に廃止され、跡地は駒沢オリンピック公園となった。**3**［玉電］東急玉川線。渋谷と二子玉川園（現二子玉川）を結んでいた路面電車。一九六九年廃止、現在は東急田園都市線が同区間の地下を走っている。**4**［南極老人星］りゅうこつ座のカノープスのこと。抱影はこの星をとりわけ愛した。書かれているのは一九二四年二月のできごと。

飛行機

1［アルゴー座］かつて存在した星座。現在はりゅうこつ座、らしんばん座、ほ座、とも座の四つに分割されている。

プラネタリウム

1［ツィゴイネル・ワイゼン］サラサーテ作曲のヴァイオリン曲。**2**［毎日天文館］有楽町にあったプラネタリウム。一九四五年空襲で焼失。**3**［愛宕山］東京都港区にある丘陵。**4**［宮城］皇居のこと。後出の大内山も同様。**5**［トロイメライ」シューマン作曲の「子供の情景」のうちの一曲。**6**「大阪のプラネタリウム」大阪市立電気科学館内にあった。老朽化のため一九八九年に閉館。現在は後継施設の大阪市立科学館内にプラネタリウムがある。**7**「渋谷に建設」東急文化会館内にあった「天文博物館五島プラネタリウム」。一九五七年開館、二〇〇一年閉館。

明治の夜

1「弟」作家の大佛次郎。**2**「木村荘八」洋画家（一八九三―一九五八）。**3**「南京さん」中国人。

野づらの道

1「冷飯草履」緒もわらで作られている粗末な草履。**2**「トラホーム」トラコーマとも言う。伝染性の結膜炎。

ゴッホの星

1「フラ・アンジェリコ」ルネサンス期初期のイタリアの画家（一三九〇頃―一四五五）。**2**「ベツレヘムの星」「東方の三博士」にキリスト生誕を知らせ、ベツレヘムへ導いたと言われる星。**3**「ティシアン」ティツィアーノ・ヴェチェッリオ。ルネサンス期のイタリアの画家（一四九〇頃―一五七六）。**4**「ティントレット」ルネサンス期のイタリアの画家（一五一八―九四）。ティツィアーノの弟子。**5**「福島繁太郎」画商、美術評論家（一八九五―一九六〇）。**6**「ヴァヨットン」フェリックス・ヴァロットン。スイスの画家（一八六五―一九二五）。

タレース先生

1「プラトー」プラトン。古代ギリシャの哲学者（前四二七―前三四七）。『テアイテトス』はプラトン中期の対話篇の一つ。**2**「ディオゲーネス・ラエルティウス」三世紀頃に活躍した哲学史家。著書に『ギリシア哲学者列伝』。**3**「スタディオン」スタジアム。競技場。

遠い惑星

1「ウィリアム・ハーシェル」ドイツ出身、イギリスで活躍した天文学者・音楽家（一七三八―一八二二）。天王星の発見者。当時、バースの教会でオルガン奏者をしていた。**2**「ルヴェリエ」ユルバン・ルヴェリエ。フランスの数学者・天文学者（一八一一―七七）。**3**「アダムス」ジョン・アダムズ。イギリスの数学者・天文学者（一八一九―九二）。

土星――空の玩具

1「モノクル」片眼鏡。土星の環を喩えている。**2**「グルーミー」暗い、陰鬱な。**3**「剞物」刃物を用いて木材から形を削り出す技術。**4**「竹澤藤次」独楽を用いた芸で人気を博した曲芸師。**5**「山国の中学」早稲田大学卒業後、一九〇七年から抱影は山梨県の甲府中学校（現在の山梨県立甲府第一高校）の英語教員となった。**6**「鍛冶橋」東京駅と有楽町駅の中間にあった橋。現在も交差点名として残っている。**7**「オリンポスの主神」ゼウス（ローマ神話ではユピテル「英名ジュピター」）。**8**「フランマリオン」カミーユ・フラマリオン。フランスの天文学者（一八四二―一九二五）。**9**「テニスン」アルフレッド・テニスン。ヴィクトリア朝期のイギリスの詩人（一八〇九―九二）。「ロックスリー・ホール」は、テニスンが幼年期を過ごしたと書いている空想上の家。**10**「シェリー」パーシー・シェリー。イギリスの詩人（一七九二―一八二二）。妻のメアリー・シェリーは『フランケンシュタイン』の作者。

春の星空

1「エマースン」ラルフ・エマーソン。アメリカの思想家、作家（一八〇三―八二）。**2**「鳩羽ねずみ」赤味がかった灰紫色。**3**「弘徽殿の……」『源氏物語』第八帖「花宴」からの引用。

昇る獅子座

1「濛気」霧や靄がかかっている大気。

北斗美学

1「地平拡大の現象」天体が地平線近くにあるときのほうが、上空にあるときよりも大きく見える現象。錯覚とも言われる。**2**［スタビリティー］安定性。

霊魂の門

1［ビー・ハイヴ］蜂の巣。**2**［積尸気］死体から立ち上る霊魂の煙。

夜桜

1［王維］盛唐の詩人（六九九―七五九、または七〇一―七六一）。

ハレー彗星

1［山国の町］山梨県甲府市。**2**［五月］一九一〇年。**3**［万朝報］一八九二年に黒岩涙香が創刊した日刊新聞。**4**［お前が四十三歳］ハレー彗星は約七六年周期で地球に接近し、一九一〇年の後は一九八六年に再接近した。

帆かけ星

1［ガダルカナル］メラネシアのソロモン諸島にある島。太平洋戦争有数の激戦地として知られる。

夏の星空

1［ページェント］華麗なショー。

駒鳥の谷

1［白峰三山］南アルプスの北岳、間ノ岳、農鳥岳の総称。いずれも標高三千メートルを超え、特に北岳は日本第二の高峰。**2**［カリヤス］ススキよりやや小さいイネ科の多年草。**3**［広河原］南アルプス北部の登山の拠点。**4**［駒鳥］スズメ目ツグミ科の鳥。「ヒンカラカラ」と美しい声でさえずるのが特徴。**5**［シラビ］アスナロ（ヒノキ科の常緑針葉樹）の別称。**6**［トウヒ］マツ科の常緑針葉樹。エゾマツの変種。亜高山帯に分布。

アルビレオ

1［ルーベンス］ピーテル・パウル・ルーベンス。ベルギーの画家（一五七七―一六四〇）。ルーベンスはアンドロメダの絵を何枚も遺している。**2**［処女著］『星座巡礼』（研究社刊、一九二五）。**3**［妹背山］妹背山婦女庭訓。本書「小望遠鏡漫語」の註**7**を参照。

遠花火

1［丸子玉川でやっている花火］一九二九年より開催されている多摩川花火大会。当時は多摩川大橋付近で開催。現在は二子玉川駅付近で開催。

星無情

1［原爆忌］八月六日、広島原爆投下の日。**2**［娘が亡くなった前夜］太平洋戦争末期の一九四五年四月六日、抱影は四女のみか子を亡くしている。**3**［カロッサ］ハンス・カロッサ。ドイツの作家、詩人、医師（一八七八―一九五六）。

星池石

1［白馬のお池］北アルプス白馬岳の北東にある白馬大池。
2［南の大カンバの池］南アルプス大樺沢にある白根御池。

3［南宋天文図の拓本］淳祐天文図（蘇州天文図）の複写。

秋の星空

1［劉禹錫］中唐の詩人（七七二―八四二）。失脚し、朗州（現在の湖南省常徳市）に左遷された。後出の五言律詩は「新秋寄楽天」。**2**［謫処］罪によって流された場所。**3**［白楽天］白居易とも呼ばれる中唐の詩人（七七二―八四六）。**4**［野分］台風。

初対面

1［中村白葉］ロシア文学者（一八九〇―一九七四）。**2**［志賀さん］作家の志賀直哉（一八八三―一九七　）。代表作に『暗夜行路』。なお、志賀には抱影をモデルにした短篇「いたずら」がある（のちに映画化）。

中秋名月

1［高山樗牛］文芸評論家、思想家（一八七一―一九〇二）。
2［志賀さん］志賀直哉。

北落師門

1［晋書］中国の晋朝（二六五―四二〇）について書かれた歴史書。**2**［「史記」の天官書］「史記」は前漢時代に司馬遷が編纂した歴史書。「天官書」は、その中でも天体の運行などを記した部分。**3**［野間仁根］洋画家（一九〇一―一七九）。抱影の『星三百六十五日』の装画を担当。

ペルセウスの曲線

1［有明月］夜が明けかけてもまだ空に残っている月、特に三日月。

ヒヤデス星団

1［ミルトンの『リシダス』］『失楽園』の詩人として著名なジョン・ミルトン（一六〇八―七四）が、友人の海での遭難死を悼んだ詩。**2**［オリオンにおけるベテルギュース］オリオンの体の左上部を構成するベテルギュース（ベテルギウス）は、他のオリオン座の主要な星に比べて地球からの距離が近い。

「こんばんは」

1［川端茅舎］俳人（一八九七―一九四一）。**2**［大菩薩峠］作家中里介山の長篇時代小説。約三〇年にわたって連載されたが未完に終わった。**3**［石井鶴三］彫刻家、洋画家（一八八七―一九七三）。**4**［与瀬］現在の相模湖駅付近にあった宿場町。**5**［谷村］山梨県都留市の地名か。

ベツレヘムの星

1［ティコの星］デンマークの天文学者ティコ・ブラーエ（一五四六―一六〇一）は、カシオペア座にあらわれた超新星（SN1572）を一四ヶ月間観測した。

除夜

1［筑紫観音寺］福岡県太宰府市にある天台宗の寺院。正式名称は観世音寺。**2**［黒谷の真如堂］京都市左京区にある天台宗の寺院。正式名称は真正極楽寺。**3**［花園の妙心寺］京都市右京区にある寺院。臨済宗妙心寺派大本山。**4**［九品仏］東京都世田谷区にある寺院。正式名称は浄真寺。

通称は安置されている九体の阿弥陀如来像から。

山市初買

1［地蔵鳳凰］通称「鳳凰三山」と呼ばれる、南アルプスの地蔵岳・観音岳・薬師岳。

冬の大曲線

1［ゼウス］ギリシャ神話の主神。英名ジュピター。ゼウスが化けた白鳥は、はくちょう座として残されたという。

星曼荼羅

1［一字金輪仏］大日如来が説いた真言の一字を表現した仏頂尊。2［孔雀明王菩薩］すべての厄災を除くとされる密教の明王。通常、孔雀に乗った姿で表現される。3［ダリの画の「百眼のアルゴス」］サルバドール・ダリ（一九〇四―八九）はシュルレアリスムを代表するスペインの画家。アルゴスは百の目を持つと言われるギリシャ神話に登場する巨人で、ダリの絵は、孔雀の羽根につけられたたくさんの目が印象的。

星は周る

1［木暮理太郎］登山家（一八七三―一九四四）。2［一戸博士］一戸直蔵。天文学者（一八七八―一九二〇）。3［ブラアヴオー］ブラボー。4［テノル］テノール。5［ソプラアノ］ソプラノ。6［メッツオ・テノル］メゾテノール（バリトン）。7［コントラルトオ］コントラルト（アルト）。8［バス］もっとも低い音域の歌い手。9［いらはい］いらっしゃい。10［センティメント］心情、情趣。11［もう助からない愛するもの］一九一八年、抱影は最初の妻・麗をスペイン風邪（インフルエンザ）で亡くしている。

登山と星

1［奥穂高］北アルプスの最高峰奥穂高岳。2［富士の裾野］富士山麓の裾野には、一九一二年、富士裾野演習場が開設された。現在も陸上自衛隊の東富士演習場がある。

3［手を挙げて星辰を捫づ］李白の五言絶句「題峰頂寺」の

一節。**4**［白馬］北アルプスの白馬岳。**5**［赤石］南アルプスの赤石岳。**6**［蓮華温泉］新潟県糸魚川市にある温泉。白馬岳の登山口がある。**7**［不帰岳］白馬岳の南方にある不帰ノ嶮。**8**［紀元節］二月一一日。**9**［冠松次郎］黒部峡谷の研究で知られた登山家（一八八三―一九七〇）。**10**［窪田氏］一九三〇年一月、剣沢で発生した雪崩で遭難した窪田他吉郎。窪田他吉郎は実際には東京帝大スキー山岳部のOB。**11**［大島亮吉］登山家（一八九九―一九二八）。**12**［辻村伊助］登山家、園芸家（一八八六―一九二三）。**13**［槇有恒］登山家（一八九四―一九八九）。前述の大島亮吉とともに慶應義塾山岳部草創期を担った。**14**［アイガー］スイスの山。高さ約一八〇〇メートルの絶壁「アイガー北壁」で広く知られる。**15**［ジャンダルム］高さ約二〇〇〇メートルのアイガーの岩壁（フランス語で「憲兵」の意）。**16**［グリンデルワルド］アイガー麓の村。**17**［板倉氏］一九二三年、槇有恒らと冬の立山に挑んだ登山家の板倉勝宣（一八九七―一九二三）は下山中に遭難死した。**18**［フンボルト先生］アレクサンダー・フォン・フンボルト（一七六九―一八五九）。ドイツの博物学者・地理学者。

山の端の星

1［春陽会］一九二二年設立の在野の洋画団体。**2**［若山為三］洋画家（一八九三―一九六一）。**3**［オークル・ジョン］イエローオーカー。濃い赤みの黄。**4**［アルマ・ターデマ］ローレンス・アルマ＝タデマ。オランダ生まれ、イギリスで活躍した画家（一八三六―一九一二）。歴史に取材した写実的な作品で知られる。**5**［即興詩人］アンデルセンの小説。森鷗外の翻訳も有名。イタリアを舞台とし、ナポリ湾のカプリ島が重要な舞台。**6**［カプリの島の瑯玕洞］「青の洞窟」の別名で広く知られる海食洞。「瑯玕」はヒスイの意。**7**［科学列車］一九三四～三六年に五回行われた「自然科学列車」のこと。植物、昆虫、星などを観察して自然とふれあうツアーだった。**8**［モルゲン・ロート］夜明け前に尾根筋が太陽の光を受けて赤く輝く朝焼け。**9**［サブスタンシャル］「実体的な」の意。**10**［赤岳］八ヶ岳の最高峰。**11**［権現岳］赤岳の南に位置する山。**12**［釜無川］山梨県西部の川。富士川の上流部。

海辺の星

1［雄鹿］宮城県の牡鹿半島の周囲にある牡鹿諸島のこと。2［川渡温泉］宮城県の鳴子温泉郷にある温泉。3［塩竈］宮城県塩竈市。松島と仙台の間に位置する。4［料治朝鳴］料治熊太の名でも知られる古美術評論家（一八九九―一九八二）。抱影とは、出版社の研究社で同僚だった。

三つ星覚書

1［四神の中の白虎］天の四方の方角を司る霊獣。他は青竜、朱雀、玄武。2［商莫迦菩薩の孝養伝説］商莫迦菩薩が、両目を失った父母のために、その子に生まれ変わって孝行を尽くしたという伝説。3［節用集］室町時代に成立した国語辞典。江戸時代には多くの節用集が出版された。4［畑維龍］江戸後期の儒家・医家（一七四八―一八二七）。5［カセ］船をつなぎとめるくい。6［オウコ］「おうご」とも。天秤棒。7［秤桿］天秤棒。8［大神オーディン］北欧神話の主神。9［ラプランド］ラップランド。スカンジナヴィア半島北部のサーミ人の居住地域。10［カレヴァ］カレワラ。フィンランドの民族叙事詩。11［耶蘇］キリスト。12［バストー土人］不詳。13［濠洲］オーストラリア。14［黄帝］中国古代の伝説上の帝王。15［礼記］中国前漢時代に成立した儒家の経典で、三礼、五経の一つ。

下田の三ドル星

1［水野葉舟］詩人・作家・歌人（一八八三―一九四七）。抱影と「日本心霊現象研究会」を創設。2［ハルリス］タウンゼント・ハリス。アメリカの外交官（一八〇四―七八）。初代駐日総領事。3［コン四郎館］領事館。「コン四郎」はconsul（領事）の意。4［ドルラル］ドル（ダラー）。5［唐人お吉］十一谷義三郎（一八九七―一九三七）の小説（一九二八）。下田の芸者斎藤きちを主人公とした物語。6［ヒウスケン］ヘンリー・ヒュースケン。ハリスの通訳兼秘書（一八三二―六一）。7［倉皇として］あわてふためいて。8［マドロス］オランダ語で船乗りの意。9［ギヤマン」ガラス製品。

沙漠の北極星

1「フェニキヤ人」紀元前一五世紀〜前八世紀ごろに地中海交易で活躍した人びと。2「ユーリウス・ケーザル」ユリウス・カエサル、ジュリアス・シーザー。共和制ローマを率いた政治家、軍人（前一〇〇—前四四）。3「アルマダ艦隊が……」一五八八年に英仏海峡で勃発したイギリスとスペインの海戦（アルマダの海戦）。「無敵艦隊」と呼ばれたスペイン艦隊が撃破された。4「クビライ」フビライ・ハーン。モンゴル帝国・元の皇帝（一二一五—九四）。5「マラバル」インド南西部の海岸。6「グゼラット王国」不詳。7「六分儀」経緯度決定のための天体の高度測定に使われる小型の天文観測器具。8「羅針盤」方位磁針。9「トレミー」クラウディオス・プトレマイオス。古代ローマの天文学者、数学者（八三頃—一六八頃）。天動説を完成させた。天文学・幾何学書『アルマゲスト』が主著。10「ベドウィン種族」アラブの遊牧民の総称。11「トリポリ」現在のリビア、およびその首都。12「スダン」スーダン。13「エル・オベイド」スーダンの都市。14「渺茫」広く果てしない様子。15「星を語る」研究社刊、一九三〇年。

南極老人星を見る

1「李朝」李氏朝鮮（一三九二—一九一〇）。2「浅川伯教」朝鮮陶磁器研究家（一八八四—一九六四）。3「済州島」朝鮮半島南方にある韓国最大の島。後出の漢拏山は、済州島中央部にある韓国の最高峰。4「甲府師範」山梨県師範学校。現在の山梨大学の前身の一つ。5「蟾津江」韓国南部を流れる川。6「智異山の華厳寺」五四四年に創建された韓国の古寺。7「木崎湖」長野県大町市にある仁科三湖の一つ。8「佐多岬」実際の字は佐田岬。四国の最西端に突き出す岬。9「バット」煙草のゴールデンバットのこと。10「洛陽長安の緯度」洛陽の緯度は北緯約三四・五度、長安（西安）の緯度は北緯約三四度。11「衡山」中国湖南省衡陽市にある山。景勝地で、道教の五岳の一つ。12「和漢三才図会」江戸時代中期に成立した絵入百科事典。作者の寺島良安（一六五四―?）は大坂の医師。**13**［角亢七宿］天の赤道を二八に分割した「二十八宿」のうち、東を司る七つのこと。東方七宿。**14**［醍醐天皇］第六〇代天皇（八八五―九三〇、在位八九七―九三〇）。**15**［辛酉革命］干支が辛酉（かのととり）の年には大きな社会変革が起こるという説。**16**［類聚国史］菅原道真（八四五―九〇三）が編纂した歴史書。八九二年成立。「日本書紀」から「日本文徳天皇実録」までの五国史の記事を部門別に分類したもの。**17**［延暦二十二年］八〇三年。**18**［中右記］右大臣藤原宗忠（一〇六二―一一四一）の日記。**19**［嘉承二年］一一〇七年。**20**［武江年表］斎藤月岑（一八〇四―七八）編。一五九〇年の徳川家康江戸入府から約三百年にわたる詳細な年表。**21**［元禄二年］一六八九年。**22**［戸板保祐］実際の字は戸板保佑。江戸時代中期の天文家・和算家（一七〇八―八四）。『仙台実測志』は当時の天文資料として貴重。**23**［宝暦三年］一七五三年。**24**［馬琴の『椿説弓張月』］滝沢（曲亭）馬琴（一七六七―一八四八）作の読本。一八〇七―一一年刊。保元の乱に敗れた源為朝（一一三九―七〇）が漂泊を重ね、琉球にたどり着いて活躍する。**25**［嘉祐八年］一〇六三年、中国は北宋の仁宗帝時代。**26**［京師］北宋の首都・開封。**27**［文晁］谷文晁。江戸時代後期の画家（一七六三―一八四〇）。**28**［オシリス神］古代エジプト神話に登場する、生産を司る神。

軍靴

1［相模野］神奈川県相模原市にあった「相模陸軍造兵廠」。

南十字星

1［元和航海記］池田好運（生没年未詳）著の航海書。一六一八年成立。**2**［クルゼイロ］ポルトガル語で「十字架、南十字星」の意。**3**［天竺徳兵衛日記］『天竺渡海物語』。タイ、インドに渡り貿易を行っていた天竺徳兵衛（一六一二―?）の見聞録。浄瑠璃や歌舞伎にもなっている。

星恋

1［アルペングロー］山頂光。**2**［更級］長野盆地（善光寺平）付近を指す名称。

野尻抱影

のじり・ほうえい（一八八五〜一九七七）
天文随筆家、英文学者

生まれ

明治十八（一八八五）年十一月十五日、神奈川県横浜市関外に生まれる。本名は正英（まさふさ）。父政助は日本郵船に勤めていた。神奈川第一中学校時代、病床に伏せていたとき冬の星座の魅力にとりつかれ、以後天文少年となる。早稲田大学英文科に進学、ラフカディオ・ハーン（小泉八雲）、坪内逍遥、島村抱月などに学ぶ。

勤め

早大卒業後、明治四十（一九〇七）年に旧制甲府中学校の英語教員として山梨に赴任。東京の麻布中学校勤務を経て、大正八（一九一九）年、出版社の研究社に入社。同社には昭和十九（一九四四）年まで勤務、「英語青年」初代編集長もつとめた。

家族・結婚

末弟は『鞍馬天狗』『天皇の世紀』などの著書で知られる作家の大佛次郎。妻は、甲府中学校時代の校長・大島正健の三女、大島麗。明治四十五（一九一二）年に結婚するが大正七（一九一八）年に死別。翌年、麗の姉、百合と再婚。一男六女あり。

星の文人

抱影と交流した天文学者の石田五郎は、抱影を「星の文人」と呼んだ。その名の通り、星へのロマンチシズムを縦横無尽に書き、ときにラジオで語り、人気を集めた。

星の名前を収集

古今東西、特に日本の星の名前の収集に大変な情熱を傾けたことでも、つとに知られた。昭和五（一九三〇）年に発見された新惑星（当時。現在は準惑星）に手ずから「冥王星」の和名をつけたのは、その真骨頂と言えよう。

山を愛す

星とともに抱影が愛したのが登山。特に、甲府中学赴任時代に親しんだ南アルプスは、著作に頻繁に登場する。初めて抱影が南アルプスに登ったのは明治四十二（一九〇九）年、日本第二の高峰である北岳であった。

遺言

生前、「私が死んだら行く星は、……やはりオリオンときめておこうか？」と書いているが、最後の言葉は「私の死後の連絡先は……」であった。きっとオリオン座と言おうとしたのだろう。

もっと野尻抱影を知りたい人のためのブックガイド

「新星座巡礼」 野尻抱影著、中公文庫ＢＩＢＬＩＯ、二〇〇二年

星についての膨大な著作を遺した抱影の、実質的な処女著「星座巡礼」の改稿版。四季の星や星についての伝説に加えて、南半球の星座についても言及しており、南の国へのあこがれを感じさせる。

「星三百六十五夜」 全四冊、野尻抱影著、中公文庫ＢＩＢＬＩＯ、二〇〇二年

題名のとおり、一年三六五日を星にまつわる短い話でたどった作品。各篇は短いながらも、抱影のエッセンスが詰まっている。かなり短縮版だが、本書第二部で流れを再現した。

「日本の星」 野尻抱影著、中公文庫ＢＩＢＬＩＯ、二〇〇二年

古今東西の星の名前の収集は、抱影のライフワークであった。特に日本での星の呼び名を集大成したのがこの本。抱影が生涯で集めた星の和名は七百とも言われる。

「星の神話・伝説」 野尻抱影著、講談社学術文庫、一九七七年

和名だけではなく、きっと抱影は世界全部の星の名前や伝説を集めようとしていたに違いない。実に人間臭いギリシャ・ローマの神々と星座との深い関係を語る。

「星座春秋」 野尻抱影著、講談社学術文庫、一九九四年

古今東西の星の伝説から望遠鏡の話まで、縦横無尽という形容がぴったりの一冊。原著は一九三四年だが、古さを感じさせない。

「野尻抱影 聞書 〝星の文人〟伝」 石田五郎著、リブロポート、一九八九年

抱影に続く「二世天文屋」を名乗る筆者による評伝。「星の文人」の呼び名だけでは語れない、「浜っ子」抱影の闊達な人物像を描く。膨大な量の葉書のやりとりは圧巻。

STANDARD BOOKS

本書は、以下の本を底本としました。

左記以外…『星三百六十五夜』（全四巻、中公文庫ＢＩＢＬＩＯ、二〇〇二―〇三年）

「星を覗くもの」「小望遠鏡漫語」「土星――空の玩具」「登山と星」「下田の三ドル星」「沙漠の北極星」…『星座春秋』（講談社学術文庫、一九九四年）

「桜新町」…『星まんだら』（徳間文庫、一九九一年）

「春の星空」「夏の星空」「秋の星空」「冬の星空」「星は周る」…『新星座巡礼』（中公文庫ＢＩＢＬＩＯ、二〇〇二年）

「山の端の星」「海辺の星」「星恋」…『定本 星戀』（深夜叢書社、一九八六年）

「三つ星覚書」「南極老人星を見る」…『星の民俗学』（講談社学術文庫、一九七八年）

なお、『星三百六十五夜』収録作品の執筆年は、すべて一九四五年としてあります。

表記は、新字新かなづかいに改め、読みにくいと思われる漢字にはふりがなをつけています。また、今日では不適切と思われる表現については、作品発表時の時代背景と作品価値などを考慮して、原文どおりとしました。

なお、文末に記した執筆年齢は満年齢です。

STANDARD BOOKS

野尻抱影 星は周る

発行日――2015年12月11日 初版第1刷
2022年10月1日 初版第5刷
著者――野尻抱影
発行者――下中美都
発行所――株式会社平凡社
東京都千代田区神田神保町3-29 〒101-0051
電話 (03)3230-6580[編集]
(03)3230-6573[営業]
振替 00180-0-29639
印刷・製本――シナノ書籍印刷株式会社
編集協力――大西香織
装幀――重実生哉

ISBN978-4-582-53152-7
NDC分類番号914.6 B6変型判(17.6cm) 総ページ224
平凡社ホームページ https://www.heibonsha.co.jp/
落丁・乱丁本のお取り替えは小社読者サービス係まで直接お送りください
(送料は小社で負担いたします)。

STANDARD BOOKS　刊行に際して

STANDARD BOOKSは、百科事典の平凡社が提案する新しい随筆シリーズです。科学と文学、双方を横断する知性を持つ科学者・作家の珠玉の作品を集め、一作家を一冊で紹介します。

今の世の中に足りないもの、それは現代に渦巻く膨大な情報のただなかにあっても、確固とした基準となる上質な知ではないでしょうか。自分の頭で考えるための指標、すなわち「知のスタンダード」となる文章を提案する。そんな意味を込めて、このシリーズを「STANDARD BOOKS」と名づけました。

寺田寅彦に始まるSTANDARD BOOKSの特長は、「科学的視点」があることです。自然科学者が書いた随筆を読むと、頭が涼しくなります。科学と文学、科学と芸術を行き来しておもしろがる感性が、そこにあります。

現代は知識や技術のタコツボ化が進み、ひとびとは同じ嗜好の人としか話をしなくなっています。いわば、「言葉の通じる人」としか話せなくなっているのです。しかし、そのような硬直化した世界からは、新しいしなやかな知は生まれえません。

境界を越えてどこでも行き来するには、自由でやわらかい、風とおしのよい心と「教養」が必要です。その基盤となるもの、それが「知のスタンダード」です。手探りで進むよりも、地図を手にしたり、導き手がいたりすることで、私たちは確信をもって一歩を踏み出すことができます。規範や基準がない「なんでもあり」の世界は、一見自由なようでいて、じつはとても不自由なのです。

このSTANDARD BOOKSが、現代の想像力に風穴をあけ、自分の頭で考える力を取り戻す一助となればと願っています。

末永くご愛顧いただければ幸いです。

2015年12月

ロゴマークデザイン：重実生哉